Money錢

Money錢

Money錢

生成式人工智慧

Artificial Intelligence Generated Content

——AIGC的邏輯與應用——

丁磊 著

Money錢

目錄 / contents

第 2 章
AIGC 的底層邏輯

第 3 章
功能分析：AIGC 能生成什麼內容？

目錄 / contents

第 **4** 章
商業模式：AIGC 的產業應用與前景

第 5 章
主動還是被動？決勝 AIGC

前 言

人 從出生開始,就在不斷透過視覺、聽覺、嗅覺、味覺、觸覺等各種方式認識這個世界。我們透過不停地與外界接觸、學習,逐漸長大成人,再透過專業課程的學習在某些方面獲得一技之長進而立足於社會,並試圖改造世界。

「矽基」AI(人工智慧)也按照類似的模式成長,但是相比於「碳基」人,它在速度方面極具優勢。AI 經歷了從最初的機器學習到神經網路,再到 Transformer 模型的發展,2022 年底 ChatGPT 以及 2023 年初 GPT-4 橫空出世,引發了大眾對生成式 AI 的關注,其中最讓人激動的就是 AI 大模型已經初步具備了人類的通識和邏輯能力——這恰恰是之前

的 AI 所缺失的。

在這之前，無論是 AlphaGo 還是 AlphaFold，最多只能稱之為各自領域的「專家」，而 ChatGPT 是大眾化的。

正如 OpenAI 首席科學家、ChatGPT 背後的技術權威伊利亞·蘇茨克維（Ilya Sutskever）所說，GPT（生成式預訓練模型）學習的是「世界模型」，他將網際網路傳播的文字、內容稱作世界的映射，因此，將龐大網際網路文本作為學習語料的 GPT，學習到的就是整個世界。在我們認識世界的同時，GPT 模型也以驚人的運算能力，快速地獲取我們數年甚至數十年才能擁有的認知，即將成為一個接近成年人思維水準的「世界模型」。

不僅如此，已具備了「世界模型」能力的 GPT 還能夠生成「萬物」。當然，如蘇茨克維所說，這裡的萬物指的是世界萬物在網際空間的映射，包括文本、圖片、語音、影片、

劇本、程式、文案、設計圖等一切和我們生產、生活息息相關的事物。

　　因為 GPT 模型在一定程度上可能已經具備了成年人的通識和邏輯，所以我們只需要拿特定專業領域的資料對其再做訓練（稱為「微調」），它就可以成為獨當一面的專業人才，可能成為藝術家、設計師、程式師、工程師或廣告優化師、供應鏈專家、客服人員等。這也許就是生成式 AI 或者說 AIGC（AI generated content，人工智慧生成內容），帶給我們的核心價值。

　　在 AI 技術大爆發的今天，生成式 AI 處在高速發展階段，技術和應用領域日新月異，因此我們非常有必要系統地了解生成式 AI。在這樣的背景下，本書將系統介紹生成式 AI 的原理與模型，同時也將對其在產業中的應用展開論述，將理論和實務相結合，讓大家從根本上了解 ChatGPT 里程碑式

存在的意義。結合作者 20 餘年 AI 領域研究與工作的經驗，
本書會為讀者指引方向。

　　尤其值得一提的是，本書既在理論上解釋了數位媒體即
虛擬世界的生成式 AI，又探討了生成式 AI 如何服務和促進
實體經濟。在當前的存量經濟時代，透過生成式 AI 重新定
義生產力，推動產業更新發展，在存量裡促進增長，具有尤
為重要的意義。

　　如圖 0-1 所示，我們用這張圖說明本書所涵蓋的知識領
域：X 軸是生成式大模型的技術，對應的是第 2 章〈AIGC 的
底層邏輯〉，我們將了解「用什麼去生成」；Y 軸是數位媒
體形態的應用，對應的是第 3 章〈功能分析：AIGC 能生成什
麼內容？〉，我們將了解生成式 AI 能「生成什麼」；Z 軸是
產業職能的探討，對應的是第 4 章〈商業領域：AIGC 的產業
應用與前景〉，我們將了解用生成式 AI 可以「做什麼事」。

　　X、Y、Z 三個軸所形成的空間裡，每個點都有其特定
含義，例如：透過 GPT-4 模型生成程式用在生產上，透過
Stable Diffusion 模型生成圖片用在行銷上。除了這 3 章，第

圖 0-1 本書所涵蓋的知識領域

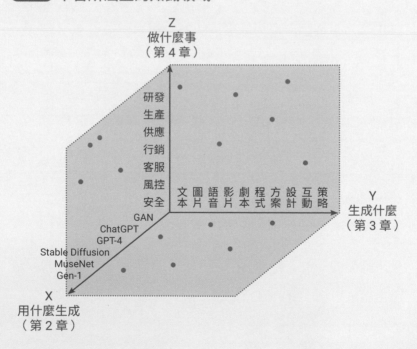

1 章會帶領讀者初識生成式 AI，第 5 章則探討生成式 AI 是否會取代大量的工作職位，以及我們應該如何主動應對。

　　希望任何一個不想在生成式 AI 時代落伍的人，在閱讀本書之後，都能理解生成式 AI 的底層邏輯和實際應用，也希望本書對你們的工作和生活有所幫助。「萬物皆可生成」的時代已經來臨，理解 AI、訓練 AI、使用 AI，甚至和 AI 一起工作，對每個人來說或將無法避免。未來已來，讓我們一起出發！

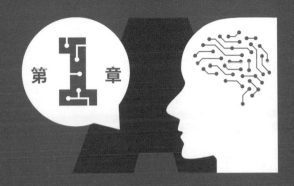

認識生成式人工智慧

ChatGPT 的橫空出世炒熱了 AIGC（Artificial Intelligence Generated Content，人工智慧生成內容）和它背後的生成式 AI，讓不少人對使用 AI 工具躍躍欲試。

在本章，我們會一起進入 AI 的產業國度，從判別式 AI 躍升至生成式 AI，對比這兩種人工智慧模型的異同，深度挖掘它們的應用市場和商業潛力，同時還會探討內容皆可生成的生成式 AI 及其核心價值。

在概觀生成式 AI 後，我們會把視角轉向具體工具，深入解析大眾已經熟知的 ChatGPT，了解這項奇妙工具背後的原理和發展歷程。若你對生成式 AI 一知半解，可以在本章的內容中初步認識它，也能了解到近期最值得關注的生成式 AI 工具。

1-1

縱觀 AI 產業版圖

如果要選出 2023 年最熱的幾個話題，ChatGPT 一定榜上有名。2023 年初，ChatGPT 席捲全球並成為流量熱點，人們都在前赴後繼地挖掘 ChatGPT 的各種潛能，探討其未來發展趨勢，甚至是與人類的關係。作為「人工智慧家族」的熱門應用，以 ChatGPT 為首的各類人工智慧應用程式開始被越來越多的人關注，也引發了人們更多思考。

人工智慧技術被稱為當代三大先進技術之一，近年來在

人們生活中的「存在感」也越來越強，這都是產業飛速發展的結果。想要清晰地了解以 ChatGPT 為代表的新興智慧技術，完整地認識人工智慧，我們可以先從其產業版圖的發展和現狀入門。

其實，人工智慧的發展、傳播和被接受是經過了一段漫長的寒冬的。十多年前，它還只是一個不被人看好的小眾領域，但是現在，它卻已經成了街頭巷尾的熱門議題，幾乎任何事情都可以和人工智慧聯繫在一起。短短十多年間，世界發生了天翻地覆的變化，新數據不斷湧現，各種問題層出不窮，直到現在，人工智慧的春天才算是真的到來了，各個領域都急需人工智慧的幫助。

這也是為什麼人工智慧的產業應用範圍如此廣闊，人工智慧市場更是如一塊一望無際的遼闊土地，有待進一步開發。如圖 1-1，這是一份人工智慧的產業應用版圖，不同的產業領域（零售、金融、醫療和教育等）與不同的職能方向（行銷、風控和安全等）共同構成了一個人工智慧應用矩陣，對於每個產業中的相關職能，人工智慧都可以找到應用範疇。

例如在零售業的供應鏈、行銷、客服等方面以及金融業

的研發、行銷、客服、風控等方面都已經有人工智慧的實際
應用程式（圖中米黃色表示）。但是，現在的人工智慧只填
充了廣闊的產業領域中的一部分，還有更多沒嘗試和拓展的
產業以及職能中的應用市場。

　　從產業的視角來看，人工智慧包括基礎層面、技術層面
和應用層面。其中，基礎面是人工智慧產業的基礎，為人工
智慧提供數據及運算支撐；技術面是人工智慧產業的核心，
主要包括各類模型和演算法的研發和升級；應用面則是人工
智慧面對特定市場需求而形成的軟硬體產品或解決方案。

圖 1-1 人工智慧的產業應用版圖

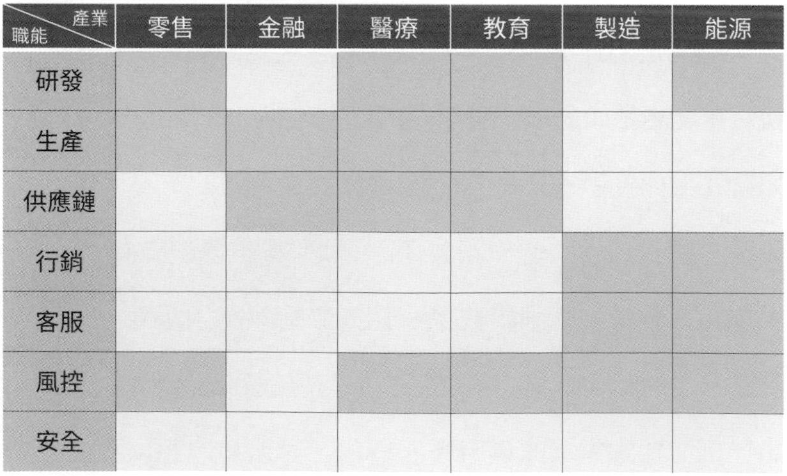

職能＼產業	零售	金融	醫療	教育	製造	能源
研發						
生產						
供應鏈						
行銷						
客服						
風控						
安全						

那麼，人工智慧的產業規模發展至何種程度了呢？英國德勤（Deloitte）的報告中預測，世界的人工智慧產業規模會從 2017 年的 6,900 億美元增長至 2025 年的 64,000 億美元，2017～2025 年的複合成長率將達到 32.1%，整體呈現出飛速攀升的趨勢。另外，人工智慧近幾年成了各個產業在進行投資的熱門選擇。人工智慧完全稱得上是風頭正勁，受萬人追捧，為經濟帶來了十分顯著的成長。

在產業應用上，人工智慧發展到今天，我們能看到其在各個產業都有用武之地：製造業、零售業、金融業、醫療衛生……它在一定程度上改變了組織的運作方式，使其可以更快更好地解決遇到的問題，並壓低各類成本。站在消費者的角度，人工智慧的出現也為廣大的用戶群體帶來了更多的選擇。

總結來說，人工智慧可以看作一塊已開始被打磨的原石，露出了它璀璨的一角，它在推動世界經濟發展的同時，也將深入地改變人類的生活。為了進一步了解 AI 產業版圖，下面我們從 2 種不同的 AI ──判別式 AI 和生成式 AI 談起。

判別式 AI 和生成式 AI

人工智慧可從不同的面向進行劃分，如果按其模型來劃分（人工智慧是由模型支撐的），可以分為判別式 AI 和生成式 AI。

判別式 AI（也被稱作決策式 AI）學習資料中的條件機率分布，即一個樣本歸屬於特定類別的機率，再對新的場景進行判斷、分析和預測。判別式 AI 有幾個主要的應用領域：人臉辨識、推薦系統、風控系統、其他智慧決策系統、機器人、自動駕駛。例如在人臉辨識領域，判別式 AI 對即時獲取的人臉圖像進行特徵資訊檢索，再與人臉資料庫中的特徵資料匹配，進而做到人臉辨識。再例如，判別式 AI 可以透過學習電商平台上蒐集使用者的消費行為數據，制訂最合適的推薦方案，盡可能提升平台交易量。

生成式 AI 則學習資料中的聯合機率分布，即資料中多個變數組成的向量的機率分布，對已有的資料進行總結歸納，並在此基礎上使用深度學習技術等，創作模仿式、縫合式的內容，相當於自動生成全新的內容。生成式 AI

可生成的內容形式十分多樣，包括文本、圖片、語音和影片等。

　　例如，我們輸入一段小說情節的簡單描述，生成式 AI 便可以幫我們生成一篇完整的小說內容；再例如，生成式 AI 可以生成人物照片，而照片中的人物在現實世界中是完全不存在的。如圖 1-2，它展示的是國外一個網站生成的「不存在的人」的照片。

　　總結來說，不管是哪種類型的模型，它的基礎邏輯是一致的：AI 模型從本質上來說是一個函數，要想找到函數準確

圖1-2 「不存在」的人

圖片來源：https://generated.photos/faces

的運算式，只靠邏輯是難以推測的，這個函數其實是被訓練出來的。我們透過餵給機器已有的資料，讓機器從資料中尋找最符合資料規則的函數，所以當有新的資料需要進行預測或生成時，機器就能夠透過這個函數，預測或生成新資料所對應的結果。

判別式 AI 和生成式 AI 作為 AI 模型的兩個主要概念，顧名思義，在諸多方面都有相異之處。

從宏觀角度來看，判別式 AI 是一種用於決策的技術，它利用機器學習、深度學習和電腦視覺等技術來處理專業領域的問題，並幫助企業和組織優化決策；而生成式 AI 則是一種用於自動生成新內容的 AI 技術，它可以使用語言模型、圖像模型和深度學習等技術，自動生成新的文本、圖片、語音和影片內容。因此，判別式 AI 可以說是在對人類的決策過程進行模仿，但生成式 AI 就聚焦在創作新內容上。

而從微觀上看，這兩類技術的區別就更加明顯了，我們就從技術、發展程度、應用方向這 3 個角度來挖掘其深層次的不同（表 1-1）。

從技術來看，判別式 AI 的主要工作是對已有資料「打

表1-1 判別式 AI 和生成式 AI 的對比

項目	判別式 AI	生成式 AI
技術路徑	將資料分類貼標籤，進而區分不同類別的資料，例如區分貓和狗的圖片。	分析歸納已有資料後生成新的內容，例如生成逼真的狗的圖片。
發展程度	底層技術相對成熟，在各領域已有廣泛的商業應用。	2014 年開始迅速發展，近期呈現倍數成長，並且出現多個現象級應用。
應用方向	人臉辨識、推薦系統、風控系統、機器人、自動駕駛等。	內容創作、人機互動、產品設計等。

標籤」，對不同類別的資料做辨別，最簡單的例子如區分貓和狗、草莓和蘋果等，做的主要是「判斷是不是」和「區分是這個還是那個」的工作。生成式 AI 就不一樣了，它會在歸納分析已有的資料後，再「創作」出新的內容，如在看了很多狗的圖片後，生成式 AI 再創作出一隻新的狗的圖片，實現「舉一反三」。

　　從發展程度看，判別式 AI 的應用更為成熟，已經在網際網路、零售、金融、製造等產業展開應用，大幅提升了企業的工作效率。而生成式 AI 的「年歲更小」，2014 年至今

發展迅速，堪稱等比級數的倍數爆發，已在文本和圖片生成等廣泛應用。

從應用方向來看，判別式 AI 在人臉辨識、推薦系統、風控系統、機器人、自動駕駛中都已經有成熟的應用，非常貼近日常生活。生成式 AI 則在內容創作、人機互動、產品設計等領域展現出龐大潛力。

我們來舉一些生活中的例子，以更深入地了解兩者在日常生活中的應用。喜歡購物的讀者都知道，你在購買某一類產品後，購物平台會自動給你呈現諸多同類或相關商品。這件事的背後就是，電商平台會根據使用者常看的商品，分析用戶和商品的關聯，進而針對性地為使用者推薦內容，而這項功能就應用了判別式 AI 技術。

從 2003 年開始，亞馬遜就將此技術應用到了電商領域，推薦的商品精準地匹配用戶需求，可以大幅降低用戶的搜尋次數，並因此增加產品的銷售額。由此你可能會發現，平台似乎比你更清楚你需要什麼，自然而然，自己的消費金額也跟著增加了。平台憑藉這個功能，讓更多用戶心甘情願地掏了腰包，來獲取更大的商業價值。

　　根據產業數據統計，在亞馬遜的收入中約有 40% 來自個性化推薦系統，而推薦系統每年能給網飛（Netflix）帶來 10 億美元以上的產值。除了電商平台，新聞、音樂、視聽媒體等平台，也會利用個性化推薦系統為使用者推薦內容，在剖析使用者的長期興趣和短期興趣後，將精緻化內容推播給使用者，並可以透過對用戶的停留、觀看時間、點讚、收藏等行為特徵的即時分析，精準刻畫出使用者樣貌，減少人工營運的介入，顯著提升用戶黏著度，這已將人工智慧的價值凸顯無遺。

　　在自動駕駛領域，AI 可進行智慧分析、辨識路況，滲透率穩步提升。自動駕駛汽車可以借助判別式 AI 技術，分析判別各種路況，對多種物體進行辨識與追蹤，提升行車安全。無須人工干預的自動駕駛汽車雖然現在並不成熟，但隨著技術的持續升級，有望獲得更大的市場潛力。

　　對於生成式 AI，ChatGPT 的出現讓我們對其有了衝擊式的關注和理解。因生成式 AI 功能強大、應用範圍廣泛，文本、圖片、視聽娛樂內容相關的從業者在面對「強大助手」上線時，也會感覺到焦慮，恐被其取代。

從可能性來講，它可以進行文字生成語音、圖像智慧編輯、影片智慧剪輯、文字續寫或糾錯等十分多樣的工作，讓大家擺脫機械性的勞動，把時間花在創意性工作上，給文字工作者、翻譯人員、插畫家、影片剪輯師等帶來極大的幫助。

不僅如此，生成式 AI 還能勝任部分由設計師、程式設計師甚至專業工程師從事的設計與程式設計類工作，在提升工作效率的同時讓這些專業人士更能發揮所長，減少在基本工作上的時間投入。與此同時，生成式 AI 對於從業人員的素質和技能，也提出了新的要求。

總結來說，判別式 AI 和生成式 AI 均可以協助使用者進行部分工作，如決策、創作內容等。可以說，人工智慧的合理利用有助於提升用戶體驗，幫助企業降低成本、增加效率，並抓住新的商業機會。

如前文所述，數據和模型分屬人工智慧產業的基礎層面和技術層面，無論是判別式 AI 還是生成式 AI 的應用都離不開數據和模型，下面我們進一步了解「大數據」和「大模型」是如何重塑人工智慧版圖的。

從大數據到大模型

　　無論是判別式 AI 還是生成式 AI，以其現在的功能和潛力，都能為人類做很多工作，未來甚至有點萬能，那麼這麼萬能的技術，是怎麼被「訓練」出來的呢？

　　這就要說到大數據了，判別式 AI 和生成式 AI，其實都離不開用大量資料來訓練模型。對於大數據，大眾已經比較熟悉。顧名思義，大數據指的是蒐集的資料，但大數據並沒有看上去這麼簡單，它還有多樣性和高速增長的特性。

　　圖 1-3 呈現了從 2017 午到 2025 年全球資料總量的增長趨勢及預測情況。蒐集、儲存、處理和分析各種形式和來源的大數據，可以幫助企業和組織迅速獲得有價值的資訊，並做出正確的決策，它還可以用於商業活動的改善，如此能提升工作效率，降低工作成本，並促進企業更快速成長。就如人類透過經歷各類事件來累積經驗一般，在人工智慧領域，我們透過大量的資料來訓練模型。

　　而隨著深度學習的應用和進步，模型本身所需的儲存空間在近年有了顯著增加，最初的 GPT 就有 1.17 億個參

圖1-3 2017～2025 年全球資料總量成長趨勢及預測

資料來源：國際數據公司發布的白皮書《數據時代 2025》

數，ChatGPT 有 1,750 億個參數，最新的 GPT-4 參數數量更多，有報導稱可能達到 1T（即 1 兆），但 OpenAI 公司其實並沒有公布具體的參數數量，這些擁有蒐集參數的模型都被稱為「大模型」。如圖 1-4，它呈現了大模型參數數量變化趨勢。

這裡我們提到了深度學習，這是一種受人腦的生物神經網路機制啟發，模仿人腦來解釋、處理資料的機器學習技術，它能自動對資料進行特徵擷取、辨識、決策和生成。你

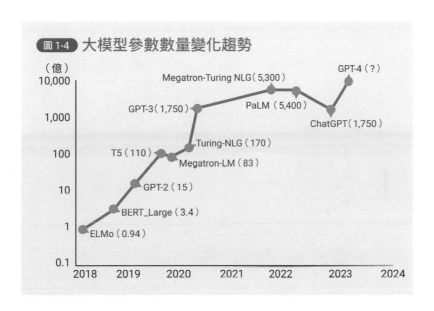

圖 1-4　大模型參數數量變化趨勢

可能覺得這個詞有點耳熟，其實它大規模地應用於自然語言處理（NLP）、電腦視覺、機器翻譯等領域。深度學習的出現，為很多領域的工作帶來了前所未有的準確度和效率，人工智慧產業也因深度學習獲得了前所未有的發展速度，整個人工智慧領域的發展都曾被它帶動。

　　大模型能分析處理蒐集的資料，在解決問題上獲得更好的效果，本書的「主角」──生成式 AI 就是大模型的產物。近年來，大模型在越來越多的行業和消費類應用中嶄露頭

角，原因主要是它能夠迅速有效地處理大量的資料，幫助個人和企業提升效率。大模型與人工智慧技術相輔相成，隨著人工智慧技術的發展，大模型也會持續發展進步。

另外，生活中日益普及的 5G 網路和彈性計算等基礎設施，也會給大模型的發展創造更多可能性，使其成為不可或缺的內容生成工具。

生成式 AI 市場格局

2021 年，高德納諮詢公司（Gartner）就曾預測，至 2023 年將有 20% 的內容被生成式 AI 創建，至 2025 年生成式 AI 產生的資料將占所有資料的 10%（2021 年不到 1%）。

2022 年 9 月，紅杉資本官網發布的文章《生成式 AI：充滿創造力的新世界》預測，生成式 AI 將產生數兆美元的經濟價值。據預測，2025 年，中國生成式 AI 應用規模有望突破 2,000 億人民幣，中國媒體產業應用空間逾 1,000 億人民幣。而且，生成式 AI「八面玲瓏」，它的應用市場十分廣泛，目前不僅應用於文本、圖片、視聽媒體、遊戲等數位媒體，還可以應用於製造業、建築業等傳統產業。

在文本生成方面，生成式 AI 可以透過語言模型、神經網路和深度學習技術，快速創造大量有助於改善客戶體驗的內容，如新聞資訊、劇本、行銷文案、智慧客服等。其中作為經典應用的 AI 生成行銷文案、智慧客服等都已在許多行業廣泛地應用；AI 生成新聞資訊和劇本等功能大家也可以期待一下，或許以後結合了 ChatGPT 等突破性的模型，文字工作真的能依靠它變得輕鬆不少。

在圖片生成方面，生成式 AI 可以透過電腦視覺來分析圖片，生成行銷素材、設計文案和藝術作品等，幫助節省人力成本和時間。另外，生成式 AI 還能在語音生成、影片生成和跨模態生成領域大展拳腳。

在語音生成方面，生成式 AI 可以幫助使用者更好地分析、編輯和生成語音檔，進而幫助創作出優秀的語音作品。例如，複製真人的語音、文本生成特定語音、作曲編曲等，生成式 AI 都能代替人類去做，並均已經廣泛應用於市場。

影片生成也是生成式 AI 的重要應用，它可以幫助使用者生成高品質的影片，如檢測和刪除特定片段、追蹤剪輯、

生成特效、合成影片等。另外，熱門的 AI 人物生成也是它的「拿手絕活」。在李安執導的《雙子殺手》中，工作人員就用 AI 創造了一個虛擬人物小克。威爾‧史密斯在數位技術的幫助下同時出演了 50 歲特務亨利和 23 歲特務小克，該片實現了真實明星「年輕版」的數位化製作。

在跨模態生成中，生成式 AI 能夠根據文字生成創意圖片、根據圖片生成影片、根據文字生成影片，或根據圖片或影片生成文字。對想像力豐富的朋友，或者影視產業從業者來說，這稱得上是「工作神器」。圖 1-5 就是一個根據文字 "panda in a space suit"（穿著太空服的熊貓）生成圖片的例子。

在遊戲方面，生成式 AI 可以用於遊戲開發，實現自動化的遊戲設計，同時能夠實現更好的遊戲體驗，如人工智慧 NPC（非玩家控制角色）等，說不定以後你玩的遊戲就有人工智慧的深度參與。

生成式 AI 不光在這些數位經濟領域廣泛應用，在實體領域的潛力也非常大，如在建築業等領域中，生成式 AI 所生成內容就不再僅局限於圖片和文字，而是進入了資訊形式

圖 1-5 根據 "panda in a space suit" 生成的圖片

更為豐富的 3D 設計領域。例如建構數位建築模型時，生成式 AI 能幫助建築師們產出 3D 建築模型，讓他們更好地理解建築物。

　　建築師們能夠使用 AI 圖像生成應用程式來增添建築設計的細節，假如建築師們在應用程式中輸入初步的建築設計方案，AI 就能夠在初步設計的基礎上，繼續產出較為細緻的設計方案，以此來加強設計。建築師們還可以隨手繪製一

個潦草的建築場景草圖，讓人工智慧來生成對應的建築實景圖。我們可以想像，隨著手繪資訊的增加，生成式 AI 輸出的實景圖也越來越穩定，圖 1-6 所示的就是利用 AI 圖像生成工具生成的建築設計圖。

技術的浪潮層出不窮，人工智慧已成為人類社會邁向未來世界的戰艦，產業前景十分廣闊。生成式 AI 更是一個突

圖 1-6　由 AI 圖像生成工具生成的建築設計圖

圖片來源：https://stability.ai/blog/stablediffusion2-1-release7-dec-2022

破性的產業發展方向，它不僅能給數位媒體和虛擬空間帶來
價值，還能促進實體產業的發展，在提升產業效率的同時優
化原有的流程，創造出新的價值成長，可以說是實體產業升
級不可多得的良機。

1-2

聚焦 AIGC：內容皆可生成

當下，世人的目光被 ChatGPT、GPT-4 這些 AIGC 深深吸引。而在清楚地認識這些新事物之前，我們需要梳理一下它們的歷史發展脈絡，其實在數年硝煙彌漫的「內容大戰」中，我們已經悄然經歷了多種內容形式的迭代：PGC（professional generated content）、UGC（user generated content）以及 AIUGC（artificially intelligent UGC）。

PGC 即「專業生產內容」，主要指具備專業背景的內

容生產者所創造的內容；UGC 則為「使用者生產內容」，其內容的源頭更偏大眾化，人人都可作為使用者進行內容生產；AIUGC 則為人工智慧與 UGC 的結合，人工智慧參與到了使用者創作內容的過程中。如今，在三度更迭之後，AIGC 正式來襲。

與 PGC、UGC 和 AIUGC 不同的是，在 AIGC 的概念中，「無生命」的人工智慧成了完全的內容源頭，「無生命主體」成了為人類創作內容的生產者，人工智慧在人類社會的應用又取得了顛覆性的突破，透出了不同於以往的炫目光彩，吸引著人們不斷探索。如圖 1-7，從 PGC、UGC、AIUGC 到 AIGC，所對應的內容數量呈逐漸增加的趨勢。

從字面上看，AIGC 就是利用人工智慧自動生成內容的生產方式，它可以在生成式 AI 模型、訓練資料等的基礎上，生成文本、圖片、語音、影片、程式等多樣化內容，這種快速的內容生產方式給市場注入了令人興奮的新鮮血液。AIGC 的出現，使得各行各業都受益，讓人們的生活更加便捷。但在發展得如火如荼的同時，AIGC 又引發了我們對其更深層次的思考。

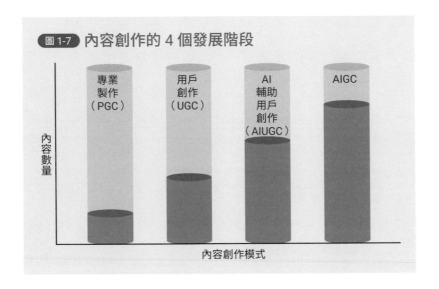

圖 1-7　內容創作的 4 個發展階段

AIGC 開啟了新一輪的內容生產革命，它在多樣性、品質、效率 3 方面推動了內容生產大步前進。AIGC 的出現，既可以滿足消費型內容亟待擴充的需求，也可以快速產出多樣化的內容形態，迎合各種不同市場，以 AI 作者的身份協助商業化潮流的湧現。或許我們現在正在看的某張圖片、某段影片就是 AI 作者的「作品」，而我們卻不自知。

下面我們就圍繞 AIGC，對文本、圖片、影片等不同的內容形式展開論述，看看 AIGC 究竟是如何「長袖善舞」，在各個內容形式中發揮作用的。

文本生成

AIGC 生成文本目前主要被應用於新聞的撰寫、指定格式的撰寫、風格改寫以及聊天對話，GPT 是主流的文本生成模型之一。

GPT 的「學名」是生成式預訓練模型（generative pre-training transformer），這是一種用來分析和預測語言的人工智慧模型，它可以幫助我們進行自然語言處理，例如機器翻譯、自動文摘和快速問答。GPT 的厲害之處是，它可以在文本中自動學習概念性內容，並自動預測下一段內容。也就是說，它可以根據上下文記住概念，並能夠在短時間內直接輸出相關內容。

GPT 背後的基礎模型是一種新型的機器學習技術，它可以幫助我們分析大量的自然語言資料。它基於一個大型神經網路，透過在已有文本庫中找到有關自然語言的規律來學習。GPT 無須人工設計特定的自然語言處理系統，可以根據已有文本，自動生成語法正確、內容相關的文本。有這樣一個「神器」，很多內容就可以借助它的力量來完成了！

GPT 的發展目前經歷了 GPT-1、GPT-2、GPT-3、GPT-

3.5 和 GPT-4 幾個階段。對於 GPT-1 模型，我們可以這麼理解：先使用大規模沒有進行標注的語料庫，預訓練出一個語言模型，而後對語言模型進行微調，使之應用於特定的語言任務中。GPT-2 則在 GPT-1 的基礎上進行了多重任務的訓練，使用了更大的資料庫，提升了語言處理能力。GPT-3 則在訓練的參數量、訓練資料和訓練費用上都高於前兩者，能完成更加複雜的任務。

OpenAI 推出的 ChatGPT 是 GPT-3.5 的延伸，這是一款聊天機器人程式，能透過學習和理解人類的語言與人類對話，還能實現影片腳本撰寫、行銷文案寫作、文本翻譯、程式編寫等功能。例如它在程式理解和編寫方面的能力，就在程式設計師圈引起了廣泛的關注：它可以看懂你輸入的程式片段，幫你解讀其中的含義，甚至可以根據你的要求幫你編寫一段完整的程式。如此強大的能力，幾乎顛覆了人們的認知，並引發了諸多關於「AI 替代人類」的相關討論。

而當人們還沉浸在 ChatGPT 帶來的無限遐想中時，就在 2023 年 3 月，OpenAI 推出了史上最強大的模型──GPT-4。它在文學、醫學、法律、數學、物理和程式設

計等不同領域表現出很高的熟練程度，各方面能力已全面超越 ChatGPT。不僅如此，它還能夠將多個領域的概念和技能統一起來，並能夠理解一些複雜概念。

OpenAI 在官網上展示了這樣一個範例：向 GPT-4 展示一張圖片（圖 1-8），並詢問圖中有什麼有趣的地方。而 GPT-4 的回答相當精妙：這幅圖的有趣之處在於，把一個大而過時的 VGA（視訊圖形陣列）介面插入一個小而現代化的

圖 1-8　一張「有趣」的圖片

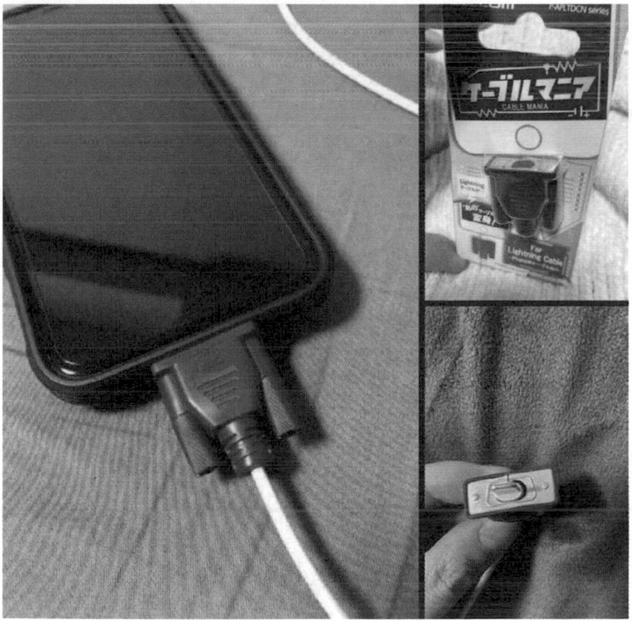

圖片來源：https://openai.com/research/gpt-4

智慧手機充電埠，這是十分荒謬的。GPT-4 儼然擁有一個普通人的正常思維。

要想深刻了解 AI 技術的發展，我們就需要到推動 AI 技術發展的主體——企業中去。主打 AI 文本生成的 Jasper 公司位於美國加州，透過其產品的文本生成功能，使用者可以輕鬆完成生成 Instagram 標題，編寫 TikTok（抖音國際版）影片腳本、廣告行銷文案、電子郵件內容等略顯燒腦的重複性工作。AI 文本生成功能一經推出，便給社群媒體、跨境電商、影片製作等多個新興產業帶來了龐大的顛覆力量。

除了 Jasper 以外，OpenAI 更是近期談論 AI 時不可繞過的熱門企業。OpenAI 是一家 AI 研究公司，成立於 2015 年，旨在促進人工智慧的安全可控發展。我們前文中提到的 GPT 這類卓越的自然語言處理模型，就是 OpenAI 首創推出的，這也使得 OpenAI 一躍成為 AI 產業的佼佼者。除了自行進行技術創新之外，OpenAI 也透過與微軟等產業巨擘的合作，將 AI 的應用推向更高的層次，這也將為人類的日常生活帶來多元的可能性。

由於 GPT 有基於英文語料庫且不開源的限制，中國的

技術人員也在探索自有的自然語言處理模型。2020 年 11 月
中旬，北京智源人工智慧研究院和清華大學研究團隊就合作
推出了中文預訓練模型——清源 CPM（Chinese Pretrained
Models），有了自行研發的類似於 GPT 的模型。

圖片生成

　　你是否嘗試過用 AI 生成圖片呢？談到 AI 生成圖片，
你第一時間又會想到哪個程式呢？你所使用的程式，很可
能背後是由 Diffusion（擴散）模型來提供基本技術的。
Diffusion 模型是一種新興的 AI 技術，它的靈感源自於物理
學中的擴散現象：透過對圖片不斷加入訊息來生成一張模糊
的圖片，這個過程類似於墨水滴入水池的擴散過程；再透過
深度神經網路學習模糊的圖片並還原成原始圖片的逆擴散過
程，實現生成圖片的功能。目前，Diffusion 模型在視覺藝
術和設計相關領域非常受歡迎。

　　Stability AI 是一家全球領先的 AI 研究型企業，致力於
開發最先進的人工智慧模型。2022 年，由該公司與另外兩
家新創公司發布共同研發的 Stable Diffusion 模型，可以真

正實現「即時生成圖片」，這個「即時」不是誇張的形容，而是真正的事實。這就意味著你可以借助 AI，實現自己華麗的夢想及無限的想像力，也可以為自己的小說配上極富奇幻感的插圖，不論它們有多超現實，你都可以透過 AI 把它們呈現在大家的眼前，讓想像不再孤獨。

2022 年，AI 繪圖突然變得熱門，隨著 DALL·E 2、Stable Diffusion、Midjourney 等圖像生成領域引人注目的應用程式相繼出現，AI 繪圖就像一陣旋風，首先在國外造成了不小的轟動，社群媒體上出現了大量的 AI 繪圖相關嘗試和討論。很快這場旋風就從國外刮到中國，引起了中國用戶的廣泛關注。這些應用到底有著怎樣驚奇的功能，而它們背後又有哪些企業在推動這場 AI 繪圖「旋風」呢？

首先我們把目光放到 Midjourney 身上（圖 1-9），這是由同名研究實驗室開發的 AI 繪圖工具。在 AI 繪圖領域，Midjourney 降低了藝術繪畫創作的門檻，使用者只需要輸入文字描述，電腦就會自動生成一張作品。Midjourney 採用了深度學習模型，能夠自動為使用者生成高品質的繪畫作品，包括素描、油畫等，讓用戶的使用更加方便。

圖 1-9 Midjourney 官網

　　毫不誇張地說，Stable Diffusion 模型是掀起 AI 繪圖熱潮的源頭之一，Stable Diffusion 本身及基於它開發的繪圖工具，讓 AI 繪圖引爆了輿論熱潮。而其背後的公司 Stability AI 在 AI 繪圖模型引發熱潮前的估值為 1 億美元，之後的估值則為 10 億美元，狂漲 10 倍，足見 AI 技術產出的大眾化程式有多麼強大的市場潛力。

　　與此同時，也有其他公司在 AI 繪圖領域「另闢蹊徑」。如一家成立時間不到 2 年的公司 PromptBase，核心業務為銷售 AI 繪圖工具的提示詞，將提示詞複製到 Midjourney、Stable Diffusion 等 AI 繪圖平台，可以精準快速的生成圖像，

讓使用者在探索提示詞上少走彎路。

若把目光轉向中國，百度集團旗下的人工智慧產品文心一格也在 2022 年 8 月宣布，使用者只需要輸入一段文字，並選擇作畫風格，文心一格就可以快速生成一幅畫作。它以百度飛槳深度學習平台、文心大模型等技術為基礎，透過對大量優質圖文的學習，經過多次迭代升級，如今已具備了更強的中文內容語義理解能力以及高品質圖像生成能力，進一步滿足中國用戶對 AI 繪圖的需求。

 ## 影片生成

AIGC 影片生成，是一種基於人工智慧的影片製作技術，它能夠根據使用者提供的文字提示，自動生成影片內容，而且還能夠根據不同的需求調整影片的參數，以達到最佳效果。這在某種程度上是 AIGC 圖片生成的延伸，影片生成的目標是生成連續圖片（每張圖片即一幀）的序列，它可以使用深度神經網路技術來生成高品質影片和動態內容，進而大幅提高影片的製作速度，也能夠讓影片內容更加逼真生動。

　　AIGC 影片生成已經在很多產業得到了應用，並獲得了不錯的效果。學校可以使用 AI 影片生成技術來製作動畫片或教學影片，醫院也叼以使用 AI 影片生成技術來類比手術過程，幫助外科醫生更深入地理解手術流程。我們體驗過的電玩遊戲、虛擬實境（VR）、視訊會議等，都可能與 AIGC 影片生成的技術有關。

　　在 AIGC 影片生成技術逐漸成熟後，不少新興科技公司也開始使用人工智慧技術來進行影視製作，傳統的影視製作方法與人工智慧技術強強聯合，能實現大規模的動態影像處理、自動剪輯、自動字幕添加、智慧特效設計等，在影視製作中也能大幅減輕人力和物力，壓低製作成本。

　　AI 影視製作的案例頗多，如電腦藝術家格倫·馬歇爾（Glenn Marshall）的人工智慧電影《烏鴉》（*The Crow*）就獲得了 2022 年坎城短片電影節評審團獎。《烏鴉》的基礎是視頻網站上的短片 *Painted*，馬歇爾將其輸入 OpenAI創建的神經網路中，然後指導另一個模型生成圖像，這樣就生成了一段關於「荒涼風景中的烏鴉」的影片。

　　在電影《玩命關頭 7》中，劇組將虛擬演員「放置」到

影片中，實現虛擬與現實的完美融合，減輕人物和場景的限制，實現更多可能。這種效果是怎樣製作的呢？這涉及多面向技術支援：首先從之前的鏡頭中選擇拍攝所需的動作和表情，建立數位影像模型，再建構出虛擬人物；在替身演員拍攝完肢體動作後，還會對臉部進行替換。透過這種方式，逝去的保羅・沃克在電影《玩命關頭 7》中「重生」，為影迷帶來了慰藉。

在 AIGC 影片製作領域同樣有很多「明星企業」。2023 年 2 月 6 日，人工智慧新創公司 Runway 官網宣布推出 AI 影片生成模型 Gen-1，給競爭已十分激烈的 AIGC 領域又添了一把熊熊烈火。

Gen-1 究竟有什麼令人驚豔之處呢？它採用了最新的深度學習編碼技術，可以將資料轉化為精美的 3D 圖像和影片，還能根據文字腳本、圖片、視訊短片等進行自動內容生成，創造出真實感十足的 3D 場景，幫助使用者體驗真實世界中所不能觸及的情景，比如現在無法實現的太空旅行、歷史重現等，小說中的「穿越」情節可以在現實中上演，給生活帶來了無盡想像和無限可能。此外，Runway 還提到會不斷改

進 Gen-1，讓其以更低的成本和更快的速度，生成更精彩的內容，為人類提供無限的創意。

　　除產業新秀外，Google 也推出了 Imagen Video 與 Phenaki 兩款影片製作工具。其中，Imagen Video 能夠生成高解析度以及具有藝術風格的影片和動畫，還具有高度的可控性、對世界知識和 3D 物件的理解能力，而 Phenaki 能夠根據一個故事的時間軸來生成影片。另一家矽谷巨頭 Meta（臉書更名而來）推山的則是 Make-A-Video，借助這款工具，可以生成非常富有想像力的新奇影片（圖 1-10）。

圖 1-10 Make-A-Video **生成影片範例**

圖片來源：https://makeavideo.studio

　　除了 AIGC 在內容生成中的多角度應用，根據這項技術所延伸的內容工具還能「互通有無」。不同內容形式的模型之間並沒有壁壘，而是可以交互使用，產生跨模態的內容生成。例如將 GPT-3、Stable Diffusion 一起使用，可以實現流暢的修圖功能，讓修圖不再費時費力，美工不再被客戶的需求折磨。

　　這個功能要怎麼應用呢？如圖 1-11，我們發出一個輸入圖像和一個編輯圖像的文本指令，這樣它就能遵循我們發出的描述提示詞來進行圖片的加工編輯了。這聽起來很智慧，但應用這類功能的前提是要詳細地了解 AI 的話術並正

圖 1-11　透過給 AI 發出指令 給雕像穿上衣服

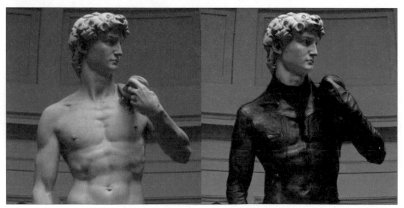

說明：使用 instructPix2Pix 生成

確使用有效的提示詞。如果沒有正確使用提示詞，很容易雞同鴨講。

　　總之，從文本、圖片、影片這幾個主流的內容形式來看，AIGC 已然在其中瘋狂「攻城掠地」，取得了難以想像的驚人進步，它可以輔助人類創作甚至自動生成內容。是否會有那麼一天，人類陷入 AI 建造的資訊牢籠，逃不出資料庫的束縛，這仍需時間的考驗。

　　但從產業發展上看，AI 的技術革新已經滲透到人類的日常生活，成為人人皆可使用的技術工具，這是非常可喜的變化。基於 AI 急速發展帶來的倫理和道德問題，或許會有一段時間的過渡期，我們須等待相關制度和規則的完善。但 AIGC 勢如破竹地闖入了人類的領地，從此與人類相伴相生。

1-3

生成式 AI 的核心價值

從前文的敘述中，我們對人工智慧模型的兩個主要類型——生成式 AI 和判別式 AI 有了一定的了解，也明白了它們各自的「特長」是什麼。

簡單來說就是，判別式 AI 擅長的是對新的情境進行分析、判斷和預測，主要應用在人臉辨識、推薦系統、風控系統、精準行銷、機器人、自動駕駛等；生成式 AI 主要擅長自動生成全新內容，主流的內容形式它基本都能生成，包含文本、圖片、語音和影片等。兩者在技術、發展程度、應用

方向上都有諸多不同。而在下文中，我們將聚焦生成式 AI，
圍繞其核心價值來展開論述。

生成式 AI 聚焦於認知的邏輯層面

你或許想不到，判別式 AI 和生成式 AI 不但名稱不同，
從知識論的角度看，兩者聚焦的認知層面也不相同。何為知
識論呢？知識論即為與知識來源和知識判斷相關的理論。如
圖 1-12，在知識論中，人們的認知過程被描繪為金字塔形
的結構，人類的認知會逐漸進階，從資料、訊息、知識、邏

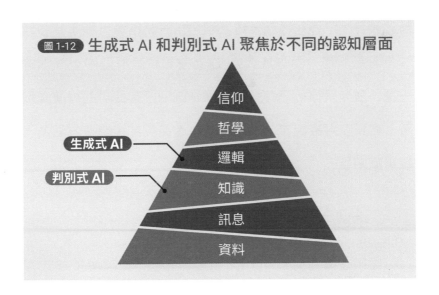

圖 1-12　生成式 AI 和判別式 AI 聚焦於不同的認知層面

信仰
哲學
邏輯
知識
訊息
資料

生成式 AI
判別式 AI

輯向形而上的哲學、信仰邁進，所認識內容的細節和結構深度也會隨之不斷改變。

判別式 AI 聚焦「知識」層面，而生成式 AI 則聚焦高一級的「邏輯」層面，兩者在內容認知程度上大不相同，但還未上升至知識論中的信仰和哲學層面。因此總體來說，判別式 AI 更多展現的是基於大量資料、訊息形成的知識總結和判斷，生成式 AI 展現的則是基於知識、訊息和資料在邏輯層面產生的創新成果。後者是更接近人類智慧的 AI 技術，其內容的創新強度也更勝一籌。

在實際應用中，判別式 AI 根據已有資料進行分析、判斷和預測，已經在推薦系統、風控系統和精準行銷等諸多領域為人類服務，而生成式 AI 作為在知識論模型中更高階的一種，並非只分析已有資料，而是歸納已有資料進行演繹創新，也正在內容創作、人機互動、產品設計等諸多方面為人類貢獻力量。

生成式 AI 的優勢

如果在與判別式 AI 相對照後，你還不太理解生成式 AI

的優勢，我們就用一個簡單的比喻來描述一下這兩者：判別式 AI 更像在做選擇題，分類是它的強項；生成式 AI 則擅長做簡答題，以創作為長處。從更深層次來說，判別式 AI 其實是有隱患的。

我們現在來考慮這樣一個情境：假設我們擁有一種分類效果很好的神經網路模型，這種網路有非常高的準確率，能遊刃有餘地處理一般的圖像分類任務。但是，我們把一個加了少許雜訊的圖像輸入模型後，這個模型居然發生了十分離譜的錯誤，但那張圖像的改變在人類眼中十分微不足道。

如圖 1-13，在一個測試中，技術人員給一張貓的圖片（模型認為圖像是貓的機率為 90%，是馬的機率為 5%）添加了一些雜訊，模型就離奇地將其分類成了馬（模型認為圖像是馬的機率為 90%，是貓的機率為 5%）。這個案例說明，基於條件分布的神經網路模型似乎缺乏對圖片的語義性理解，我們也可以以此來推測，與之相似的只對條件分布進行建模的判別式 AI 模型，很難理解語義上的資訊，也不易做出正確穩定的決策。

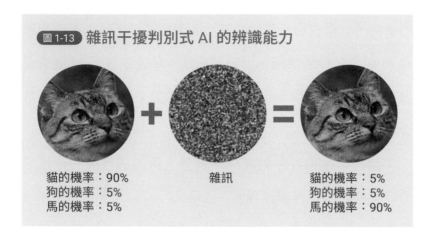

圖 1-13 雜訊干擾判別式 AI 的辨識能力

貓的機率：90%　　　　　　雜訊　　　　　　貓的機率：5%
狗的機率：5%　　　　　　　　　　　　　　狗的機率：5%
馬的機率：5%　　　　　　　　　　　　　　馬的機率：90%

　　對此我們可以假設一下，僅需少許簡單的改變，判別式系統就很有可能放棄它所做出的判斷和選擇，它們又怎麼能取得我們的信任呢？若我們所使用的系統建立在如此不穩定的模型之上，其日常的運作就會充滿隱患，如嬰兒般的模型很容易「走入歧途」，給我們帶來意想不到的麻煩。

　　比如，判別式模型遇到一個新樣本時的輸出不穩定，原本高價值的客戶被誤認別為低價值客戶，或者原本風險較高的客戶被誤認為低風險客戶，這些問題在現實情境中發生是阻礙判別式 AI 在更多產業應用的重要因素。

　　我們從模型背後的原理出發，會更容易理解一些。判

別式模型的原理是這樣的：模型會從大量的貓和狗的圖片資料中，了解到貓的外觀和狗的外觀差別非常大，當面對新的樣本時，模型判斷樣本的外觀和誰更相似，就認為樣本是誰。

　　而生成式模型則是這樣：它從訓練庫中了解到貓的特質（如大小、毛色、身形等個性化特徵），而後從關於狗的資料中也了解到了這些特徵，當面對新樣本時，它就會先摘錄其資料的特質，將之和貓、狗分別進行比較，兩方都得到一個機率，哪組資料的機率較大，它就認為樣本是誰。

　　與判別式 AI 相比，生成式 AI 顯然成熟得多，它可以學習人的思維邏輯，產出具備常理和特定規則的內容。其依賴的生成式模型會關注結果是如何產生的，但生成式模型需要十分充足的資料量，這樣才能保證模型能採樣到資料原來的樣貌，所以生成式模型的速度相對來說會慢一些。與之相反，判別式模型對資料量的要求沒有那麼高，速度會更快，在少量資料下的準確率也可能更高。

　　基於生成式 AI 背後的原理，它的功能如此強大也就不

足為奇了。如最新的生成式模型 GPT 等，就可以生成一系列的內容，給予人類更多的方便和選擇，讓人類能享受從瑣碎工作中被解放的快感。從這個角度來說，生成式 AI 真是某些上班族的「福星」呢！

生成式 AI 的價值

生成式 AI 究竟有多麼「萬能」，以至於令人驚艷呢？我們就在這裡做一個全面的介紹，展現生成式 AI 的核心價值，看看它是如何用強大的專業功能涵蓋眾多工作領域的。

如果以粗略的標準來劃分人類的內容生產工作，大略可以分為藝術創造性工作、設計性工作和邏輯思維性工作，而生成式 AI 在這三類均有涉獵，可以憑藉強大的內容生產水準讓人類產生「危機感」。

例如在藝術創作領域，繪畫已經不再能難倒生成式 AI 了。2023 年 3 月，中國誕生了首部 AIGC 生成的完整情節漫畫。藝術家王睿利用 AIGC，以小說《元宇宙 2086》為樣本，透過加雜訊、去雜訊、復原圖片、作畫這幾個步驟，將文字轉化成了視覺化的內容，畫面線條流暢、色彩絢爛，給

人強烈的視覺衝擊，也在中國的科技藝術發展史上留下了一筆色彩。

AIGC 創作的繪畫作品甚至進入了拍賣領域。2022 年 12 月，AI 山水畫的首次拍賣落下帷幕，成交價為 110 萬人民幣。該畫作是百度文心一格和畫家樂震文續畫的陸小曼未完成的畫稿《未完‧待續》。大家都知道，中國的山水畫注重寫意，很難模仿到神韻，而文心一格將陸小曼留存的畫稿、書法作品等作為 AI 的訓練資料，大量的資料「投餵」之下，使得 AI 的創作頗具陸小曼畫作的靈性，到了以假亂真的地步。

除繪畫外，歌曲創作領域也已經被 AIGC「入侵」了，百度數位虛擬人物曉曉與龔俊共同演唱的《每分每秒每天》這首歌就是 AI 出品，從作詞到編曲均由 AI 完成。演唱者度曉曉也大有來頭，她是中國首位可互動的虛擬偶像，除了唱歌跳舞，主持也不在話下。

喜歡看影片的朋友也離不開 AI 的幫助。Google 研究院最近發表了一篇論文，致力於將文本條件的影片擴散模型（video diffusion model，VDM）應用於影片編輯，在編輯

影片時可以建立動態相機運動、為圖像中的事物設定動畫等，未來大家也有機會利用這項技術製作自己的個性化電影，Netflix 發布的動畫短片《犬與少年》也與 AIGC 有關。這個短片由 AIGC 製作，而且創造了一個「第一」──全球第一個 AIGC 動畫短片，微軟創造的人工智慧「小冰」在這部動畫裡就利用自己的技術繪製了完整的畫面和場景，讓人類創作者有時間回歸到更根本的創意工作中去。

在設計性工作領域，AIGC 更是大展拳腳，平面設計、3D 設計、服裝設計、環境藝術設計等統統不在話下。有了 AIGC 在繪畫創作中的先例，我們就不難看出它在平面設計中也必然很出色。在 Midjourney 等 AIGC 繪圖軟體中，只需要標明是 T 恤設計、絲巾設計還是插畫設計、角色設計，就可以獲得可使用的設計稿，無論是單幅圖案或是連續圖樣，它都能輕鬆搞定。

生成式 AI 還廣泛應用在 3D 領域，Magic3D 就是 GPU（圖形處理器）製造商輝達推出的一款軟體，它會先用低解析度粗略地對事物進行 3D 建模，然後進階優化為更高解析度。OpenAI 的 Dream Fields 更是不需要照片就能生成 3D

模型，把「無中生有」玩得透徹，現在，生成船、花瓶、公共汽車、食物、傢俱等模型都不在話下。利用 AIGC 生成 3D模型的技術，未來，遊戲、電影、虛擬實境等領域都不再需要工作人員手動進行 3D 建模了，方便、高效率了許多。

　　你是不是也好奇 AIGC 是怎麼在服飾領域應用的？ 3D服裝建模是其背後的一項核心技術，隨著技術的發展，甚至還能做到 3D 服裝重建和控制服裝編輯。國外的 ProjectMuze 是 Google 與 Zalando 電商合作，利用 Google 深度學習框架打造的 AI 服裝設計師。其所構建的神經網路融合了超過 600 名時裝設計師的風格和多種設計項目，只需用戶輸入性別、喜好、心情等資訊，它就能設計出一套獨特的時裝。雖然在 AI 與服裝結合的道路上，我們還需要摸索進行高水準的設計，但在服裝設計的產業布局中，AIGC 將是不可缺少的一環。

　　在你生活的城市中，AI 說不定已經在進行市區的環境藝術設計工作了。Google 發布過一款能幫助城市進行綠化工作的 AI 工具，人類能借助 AI 和空拍技術，繪製一張城市的「綠化地圖」，並據此來生成綠化建議，用以解決全球暖化

造成的極端高溫氣候問題。這款 AI 工具既高效又科學，取代了傳統上昂貴的逐一區域研究綠化的方式。試想一下，在未來所有的城市中，公園、道路⋯⋯只要能見到綠色植物的地方，可能都是由 AI 規劃並推動實施的，你會生活在一個由 AI 進行科學規劃後建設的綠色城市。生活在這裡，你應該也會被隨處可見的植物治癒吧。

在裝潢方面，「AI ＋裝潢」產業也發展得如火如荼。AIGC 工具可以幫助裝潢設計師、從業者快速創作出設計圖及文案，促進裝潢管理及服務智慧化和精準化，推動「AI ＋裝潢」產業數位化應用升級；另外，引入、應用先進的智慧對話技術，搭建人工智慧客服服務體系，協助裝潢業者和用戶更為即時和全面地追蹤服務進度，能進一步幫助平台打造更加開放的裝潢內容和服務生態，提升裝潢體驗。

中國一家科技企業群核科技成立了 AIGC 實驗室，旨在拓展全空間領域 AIGC，進行家居裝潢、商業空間、地產建築等空間領域的 AI 設計生成和迭代創作，說不定以後為我們進行家居裝修的都是 AI 設計師。

說了這麼多，你可能會認為，AIGC 無非就是被「餵」

了大量的人類創作內容，模仿大於創造。其實 AIGC 並不是
「copy 怪」，它還能從事非常需要邏輯思維的工作，像寫
程式這種專業工作它也能做。ChatGPT 可以幫人們寫程式
想必大家都已經知道了，但可以做到什麼程度，大家可能並
不太了解。

　　現實中可能已經有讀者用它解決過不少程式難題，除了
知名度頗高的 ChatGPT，aiXcoder 公司推出的 aiXcoder XL
也是 AIGC 的代表，在 2023 年 2 月首次開放了程式生成模
型的 API（應用程式開發介面），讓更多使用者能夠利用人
工智慧提升軟體開發的品質和程式撰寫的效率，加速應用程
式的開發進度。從寫程式這點來說，AIGC 透過分析大量開
發專案的程式，學習語言特徵，動態生成新的程式，能夠對
不同類型的任務更加靈活、快速地進行開發。

　　除了上文提到的眾多領域，人工智慧還進軍醫藥領域。
對此，「生物版 ChatGPT」有話說。「生物版 ChatGPT」
的任務是生成蛋白質。在產業實際應用的情境中，許多從業
者最關心的問題之一就是大分子藥物能不能使用 AI「一鍵生
成」，尤其是抗體等蛋白質類藥物。

藥企晶泰科技是 AI 藥物研發的先驅，其自主研發了大分子藥物設計平台 XuperNovo，這個平台包括許多大分子藥物從頭設計的策略，其中有一款策略被稱作「ProteinGPT」。如此命名的原因是 ProteinGPT 的技術與 ChatGPT 相似，ProteinGPT 可以一鍵生成符合要求的蛋白質類藥物設計。目前，ProteinGPT 已經被正式應用於晶泰科技的各類大分子藥物專案中，表現得非常好。

繪圖、影視、環境藝術、裝潢、程式、醫藥⋯⋯似乎只有我們想不到，沒有 AIGC 做不到的，相信未來 AIGC 將會在更多領域得以應用，給我們帶來意想不到的效果。

說了這麼多，我們對生成式 AI 獨特的價值和優勢應該都有了不少認知。其實，生成式 AI 和判別式 AI 還能兩相結合、強強聯手，多層次、多面向地解決人類更多的煩惱，將我們從重複性的繁瑣工作中解放出來，提升工作效率，當然前提是工作品質要優良。為此，也需要技術人員對人工智慧進行更多的研究、開發和測試，文明社會未來關鍵突破和發展機遇或許就繫於 AIGC。

1·4

重要發展里程碑
——ChatGPT 橫空出世

近幾年，人工智慧技術領域層出不窮，給我們引爆了一輪又一輪技術熱潮，而到了 2023 年，人工智慧就出現了「最新潮流」—— ChatGPT。它最近肯定在大家面前被瘋狂轉發分享，大家即使不了解它，也早就對這個名字耳熟能詳了。

那麼它到底是什麼呢？其實 ChatGPT 是一個由 OpenAI 公司推出的大型語言模型（large language model，LLM），它能幫助開發人員使用自然語言理解來增強聊天機

063

器人和智慧應用程式的功能，可以處理各種任務，如撰寫文章、提供建議、回答問題等。

自 2022 年 11 月推出後，ChatGPT 因其強大的功能爆紅，用戶數量暴增，僅 2 個月就達成了使用者破億的目標，成為史上使用者最快破億的應用程式。而達成這一目標，TikTok 用了 9 個月，這足以說明 ChatGPT 的受歡迎程度了。

ChatGPT 的爆紅其實不僅在於它聊天能力強，用戶更多的是看重了它「十八般武藝，樣樣都會」。有人讓它回答腦筋急轉彎，它並沒有被繞進去，很快就得出了答案；有人讓它寫一篇關於「秦始皇摸電線，贏麻了」的文章（中國網路流行歇後語，秦始皇名字是贏政，人摸到電就會麻，贏麻了意指「贏到麻痺」），它寫得有模有樣，並沒有對這個離譜的主題提出質疑；有人讓它寫社交平台上的宣傳文案，它連圖形符號都用得難辨真假。

甚至有網友訓練它說北京話，在一來一回的對話訓練中，它很快就學會了北京話的口語性表達，強大的學習能力不禁讓人懷疑背後是不是有真人在操控。還有人讓它寫企劃、寫文案、編程式、寫詩……這麼一個具備強大功能的

程式，當然會受到各界人士的歡迎。許多人讓它幫助自己工作，成為代替自己的「二代上班族」。

　　上班族愛它，學生也愛它。美國線上教育供應商 Study.com 一項針對 1,000 名美國學生的調查顯示，超過 89% 的學生使用 ChatGPT 完成家庭作業，48% 的學生用 ChatGPT 完成小測驗，53% 的學生用 ChatGPT 寫論文。「ChatGPT 風」簡直席捲了大、中、小學，讓學生狂喜。但美國已經推出了相關政策，禁止學生用人工智慧完成作業，未來我們也需要正確引導孩子，讓孩子以科學的方式接觸這些先進的技術。

　　據美國雜誌 *PCMag* 報導，Google 曾經給 ChatGPT 一份面試工程師的問題，結果它不僅沒被難倒，甚至還被判定為具備三級軟體工程師的水準，簡直讓人瞠目。目前，ChatGPT 已經開始應用於職場，根據職業諮詢平台 ResumeBuilder.com 的最新報告，在 1,000 家企業調查樣本中，49% 的企業目前正在使用 ChatGPT，主要應用在協助招聘、編寫程式碼等工作中。

　　報告還指出，從 2022 年 11 月 ChatGPT 上線後，不少企業已經將 ChatGPT 投入應用，在這之中，有 48% 的企

業開始利用 ChatGPT 代替員工工作，25% 的企業已經透過 ChatGPT 節省了 75,000 美元以上的成本，這簡直給部分職務的工作者帶來了失業的隱憂！

ChatGPT 發展歷程

　　如前所述，生成式 AI 透過學習資料中的聯合機率分布，對已有的資料進行總結歸納，再創作出新的內容。ChatGPT 作為一款自然語言處理模型，透過學習語料中詞彙之間的組合規律和邏輯，生成合理的接續，實現內容的創作。

　　這類似一個「接龍」的過程，ChatGPT 根據上文計算並生成下一個詞，然後繼續生成下面的詞，進而完成一句話或者長文，也就是「自主生成」。因此，雖然訓練 ChatGPT 使用的語料都是現有、已經被創作出來的，但是其創作內容不是「抄襲」，不是簡單的複製和貼上，而是在現有語料的基礎上，學習詞與詞之間的邏輯，創作出新的內容。

　　ChatGPT 的能力並非一蹴而就，提到「神器」ChatGPT 的前世今生，那可有太多故事了。其實 ChatGPT 的「前世」與 Transformer（變換器）模型關係緊密，由

於 Transformer 模型誕生於 2017 年，因此我們的故事得從 2017 年說起。

2017 年，Google 大腦團隊（Brain Team）在神經資訊處理系統大會發表了一篇名為《注意力是你所需要的全部》（Attention Is All You Need）的論文。這篇論文的作者在文章中第一次提出了一個基於注意力機制的 Transformer 模型，並且把這個模型首次用在理解人類的語言上，這就是自然語言處理。Google 大腦團隊利用非常多已經公開的語言資料庫來訓練這個最初的 Transformer 模型，而這個 Transformer 模型包括 6,500 萬個可調參數。

經過大量的訓練後，這個 Transformer 模型在英文文法分析、翻譯準確度等多項評分上都在業內達到了第一的水準，世界領先，成為當時最為先進的大型語言模型。

而 Transformer 模型從誕生起，也對後續人工智慧技術的發展有了極為深遠的影響。僅幾年內，這個模型的影響力就已經滲透到人工智慧的各個領域，包括多種形式的自然語言模型，以及預測蛋白質結構的 AlphaFold 2 模型等。也就是說，它就是後續許多功能強大的 AI 模型的源頭。

在 Transformer 模型爆紅後，有許多團隊都跟進研究這個模型，推出 ChatGPT 的 OpenAI 也是專注於研究 Transformer 模型的其中一家公司。在 Transformer 模型被推出還不到 1 年的 2018 年，OpenAI 公司有了技術上突破，他們發表了論文《用生成式預訓練提高模型的語言理解力》（Improving Language Understanding by Generative Pre-training），還推出了具備 1.17 億個參數的 GPT-1 模型。GPT-1 模型是一個基於 Transformer 結構的模型，但訓練它的資料庫更為龐大。

OpenAI 公司利用一款經典的大型書籍文本資料庫（BookCorpus）對 GPT-1 模型進行了模型預訓練，這個資料庫包括 7,000 多本未出版的圖書，並涵蓋多種類型，如言情、冒險、恐怖、奇幻等。在對模型進行預訓練後，OpenAI 還在 4 種不同的語言場景下，利用多種相異的特定資料庫對模型做了進一步的訓練。而最終訓練出的模型 GPT-1，在文本分類、問答、文本相似性評估、蘊含語義判定這 4 方面，都取得了比基礎 Transformer 模型更好的結果，因此也取代 Transformer 模型，搖身一變成為新的業

內龍頭。

在發布 GPT-1 後的 1 年，OpenAI 公司又公布了一個「升級版」的模型——GPT-2。這個模型的架構與 GPT-1 的原理是相同的，只是規模比 GPT-1 大了 10 倍多，具有 15 億個參數，刷新了這種大型語言模型在多項語言場景中評分的紀錄。

在 2020 年，OpenAI 公司再接再厲，推出了取代 GPT-2 的 GPT-3 模型——這個模型包含 1,750 億個參數。GPT-3 模型的架構與它的「前任」GPT-2 沒有本質區別，只是規模更大了。當然，GPT-3 的訓練資料庫比前兩個 GPT 模型要大得多：它包含兩個相異的書籍資料庫（一共 670 億個詞）、經過基礎過濾的全網頁爬蟲資料庫（4,290 億個詞）、維基百科文章（30 億個詞）。

由於 GPT-3 包含太過龐大的參數數目，訓練所需資料庫的規模也非常龐大，因此成本也很高——保守估計，訓練一個 GPT-3 模型需要 500 萬美元至 2,000 萬美元。用於訓練的 GPU 越多，成本越高，時間越短；反之也是如此。在使用中，用戶透過提供提示詞，甚至完全沒有提示，直接詢

問，就可獲得高品質的答案。由於 GPT-3 並沒有給使用者提供合適的互動介面，而且還有一定的使用門檻，所以使用過 GPT-3 模型的使用者並不是很多。

在 2022 年神經資訊處理系統大會中，OpenAI 公司再次向大家宣布了新的突破，它又推出了全新的大型語言預訓練模型：ChatGPT。GPT-3.5 是 ChatGPT 的前身，也是 OpenAI 對 GPT-3 模型進行微調後開發出來的模型，在 GPT-3.5 誕生後，ChatGPT 才橫空出世。至此，我們所講述的主角誕生，ChatGPT 也是目前使用最為廣泛的一款自然語言處理程式，簡直稱得上是「AI 界的頂級模型」了！

各大科技巨擘爭相布局

面對熱烈的市場反響，中國的各大科技企業也紛紛加入戰局，將產業觸角深入人工智慧這片藍海，例如百度、阿里巴巴、360 等中國科技龍頭都先後發布類 ChatGPT 產品，以期搶占「中國版 ChatGPT」的市場先機。而另一頭，國際科技產業龍頭如大家熟知的微軟、Google 等企業，也都加速了在 AIGC 方面的相關布局。

　　我們首先來看看中國一些科技巨頭在相關產業的發展情況。近日有消息稱，阿里達摩院正在研發類似 ChatGPT 的對話機器人，尚處於封測階段，而且阿里巴巴還可能結合 AI 大模型技術與釘釘（Ding Talk，阿里巴巴開發的軟體）生產力工具，將兩者的深度應用方式挖掘出來。關於 ChatGPT 在中國的布局，百度的被關注度也很高。

　　百度作為中國領先的 AI 技術公司，發布了中國的類 ChatGPT 應用「文心一言」，其多角度回應、智慧生成等相關功能，會漸漸在百度的搜尋引擎內上線或封測，由此可以看出，百度對 AIGC、ChatGPT 等技術已經開始積極布局了。無論是阿里還是百度，目前中國科技巨頭的技術發展方向都是將 ChatGPT 相關技術融入自己已有的主要產業模組，以此追求長期穩定的商業成長。

　　主管資安的網際網路公司 360 也在 ChatGPT 相關技術上有自己的產業布局，目前在文本生成圖像、類 ChatGPT 等 AIGC 技術中都有持續性的成本投入。2023 年 3 月，在 360 主辦的論壇上，公司創始人周鴻禕展示了一款由 360 自主研發的類 ChatGPT 大型語言模型。該模型在一定程度上

已具備對中文較好的語義理解能力,展現了 360 在這一方面的階段性成果。

阿里巴巴目前也發布了其大型語言模型「通義千問」,據悉,阿里巴巴今後的所有產品都將導入「通義千問」。而「通義千問」也展現出了更大的市場野心,相關負責人表示,阿里雲將提供完善的運算和大模型基礎設備,並幫助包括新創公司在內的所有企業和機構打造自己的專屬大模型,讓它們更好地實現創新,也讓中國整體的 AI 能力全面提升。

從中國科技巨頭在 AIGC 技術上你追我趕的態勢來看,人工智慧相關產業的前景十分看好。說完了中國科技巨頭的發展態勢,我們再來看看國際科技巨擘在 ChatGPT 領域的發展情況。

讓我們把目光投向美國,微軟是與 ChatGPT 及其母公司 OpenAI 關係最密切的科技公司之一。在 2023 年 2 月,微軟推出了最新版本的搜尋引擎 Bing 和 Edge 瀏覽器,兩者均由 ChatGPT 支援。更新的 Bing 將會以類似 ChatGPT 的方式,對已有大量上下文的問題進行回答。

　　而正是在同一個月，微軟還宣布了企業中的所有產品會全面與 ChatGPT 進行整合，這些產品包括 Azure 雲端服務、Teams 聊天程式、Bing 搜尋引擎，以及包括 Word、PPT、Excel 等 Office 應用程式。目前，GPT-4 已被內建於新版 Bing 搜尋引擎中，這也代表著微軟開始與 Google 這個全球搜尋引擎巨擘進行對抗。其實在這之前，微軟就和 ChatGPT 的母公司 OpenAI 深度擴展了合作關係，計畫擴大投資只是一個開始，OpenAI 還會使用微軟的 Azure 雲端計算服務來更快地推動人工智慧的突破。

　　面對微軟強勢的競爭，Google 也不甘示弱，推出了 AI 對話系統 Bard。與微軟採取的方式類似，Google 也會把 Bard 對話系統與 Google 的搜尋引擎相結合。Google 的雲端運算部門 Google Cloud 開始與 OpenAI 打擂台，宣布與 OpenAI 的競爭對手 Anthropic 推進全新的合作關係，而 Anthropic 也把 Google 雲端平台當作雲端供應商首選。

　　在 2023 年 1 月，Anthropic 也推出了一款全新的 AI 聊天機器人產品 Claude，這款產品基於其自研架構，被認為是 ChatGPT 一個強勁的競爭對手。老牌龍頭輝達與 ChatGPT

的關係也不淺，ChatGPT 在進行模型訓練時，至少導入了 1 萬顆輝達高端 GPU。亞馬遜、Meta 等科技巨擘的高層，也都表示想對 AIGC、ChatGPT 相關技術或產業進行積極布局。在 AIGC 領域，各個企業的市場競爭才剛剛開始。

ChatGPT 的應用

從宏觀角度看完了與 ChatGPT 有關的產業發展，下面我們來談談與日常生活切身相關的話題，那就是 ChatGPT 究竟有什麼用，或者說它能給我們帶來什麼。

從網路報導中我們都能了解到，ChatGPT 能在一定程度上幫人們承擔部分工作，減輕人們的負擔，具備十分廣泛的應用領域，下面我們舉例說明。

快速閱讀和摘要：會議馬上要開始了，你有一份文件還沒看，閱讀完所有內容需要很久，但是你的時間非常緊迫，這時候你可以將文件複製並貼到 ChatGPT 的聊天框中，並要求它為你摘錄文件中最重要的內容（圖 1-14）。這項工作 ChatGPT 已經駕輕就熟了，你有機會可以嘗試一下。

圖 1-14 ChatGPT 在快速閱讀和總結的應用範例

 說到數據，毋庸置疑，是這個時代的重要資產。數據，反映了事物的原理和規律。當你找到它的規律後，可以去預測未知。如果說數據是原油的話，那麼 AI（Artificial Intelligence，人工智慧）就是從原油中提煉各種高價值產品的加工廠，它的重要性可見一斑。

從數據中發現知識、洞察和規律，這本身不是一個新概念。幾百年前，在克卜勒時代就有這樣的應用。當時，克卜勒從幾百頁的行星位置資料中，提出了行星運動定律，至今仍在被使用，也就是我們熟知的克卜勒三定律。現在，AI 幫助我們實現了借助大規模雲端運算的方法，從大量的資料中自動學習知識和規律。那麼，作為一個數據驅動的 AI 框架，它可以給我們帶來哪些作用？

首先，數據驅動的 AI 框架可以帶來個人化的體驗。例如當我們進入　些網站，會得到許多個性化體驗。這些體驗讓網站不再是千篇一律，透過數據驅動的 AI 框架可以為每一位訪客做出調整和優化。有效的個人化服務源自對大量資料的深度分析，AI 幫助我們精準地將最恰當的體驗匹配給每位用戶。

其次，數據驅動的 AI 框架可以帶來精準的產業策略，幫助企業規劃和執行營運方針。例如，一個產品的目標客戶群可以粗略地定義為特定年齡層的男性或女性，應用數據驅動的 AI 框架以後，我們可以得到一個比較詳細的描述，不僅可以用年齡、性別分類，還可以交叉考慮更多面向，例如興趣愛好、行為習慣等，進而得到精準的行銷策略。

最後，數據驅動的 AI 框架可以帶來知識和解析。我們從經驗中可以學習到新知識，而數據驅動的 AI 框架帶給我們的核心價值是，持續地、系統性地從資料中挖掘知識、學習知識的能力。這個知識未必是寫在教科書上的，而是從資料中即時、大量且有效地獲得知識，用於生產和業務中。

AI 的核心之一是去標準化，例如，對一個公司來說，客戶的平均價值可能是 100 元，而去標準化告訴我們，不同客戶對應的價值是不同的。這個可以透過 AI，從過去客戶的行為資料等屬性中學習出來，建立自學習模型，預測每個客戶的價值是多少。客戶的實際價值，可能與平均值相差很遠。

不僅客戶的價值，客戶是否會購買一件商品，喜歡什麼商品，以及如何促成一次購買等這些問題，都可以透過 AI 技術來找答案。去標準化的應用不僅局限於行銷領域，還可以應用於醫療和其他商業領域。例如，在醫療領域，基於病例來預測得壞血病的機率和再入院的機率，能夠幫助醫院挽救病人和降低醫療成本，這些應用已經在一些大醫院裡開始實行。

著名的科技思想家凱文．凱利（Kevin Kelly）創造了一個名詞，說 AI 是認知化（cognifying）。如果說電力化帶來了人工的動力，那麼認知化帶來了人工的智能。大量的應用證明，在感知方面，包括 AI 的視覺、聽覺、語言理解等方面，AI 可以接近人腦；在協助專業決策方面，在大量資料的支援下，AI 甚至可以超越人腦。

請幫我總結上述文章的重要內容。

 數據是這個時代最重要的資產之一，透過數據可以發現知識、洞察和規律。人工智慧（AI）作為一個數據驅動的框架，可以從大量的資料中自動學習知識和規律，進而帶來許多益處。首先，數據驅動的 AI 框架可以提供個性化的體驗，例如網站可以為每位用戶做出調整和優化，使得訪客獲得舒適的體驗。

其次，數據驅動的 AI 框架可以帶來精準的產業策略，幫助企業規劃和執行營運方針。最後，數據驅動的 AI 框架可以帶來知識和解析，從資料中持續地、系統性地挖掘知識、學習知識。AI 技術可以應用於行銷、醫療和其他商業領域，幫助企業提高效率、降低成本，挽救病人等。

AI 的核心之一是去標準化，可以從過去客戶的行為資料等屬性中找出客戶的價值，進而幫助企業預測客戶的行為和價值，實現更好的商業效益。

客戶服務和支援：ChatGPT 能夠以即時聊天或電子郵件的方式與客戶進行交流，來解決客戶的問題和疑慮，並同時提供支援和指導（圖 1-15）。面對 ChatGPT 時，你只需給它一個非常簡單的提示詞，比如「寫一封給客戶的問候郵件」，ChatGPT 就會給出它生成的例子。你對輸出的結果不滿意也不要緊，只需要略微改動一下提示詞再來一遍，就

可以得到完全不一樣的內容，ChatGPT 幾乎不會給你兩遍
相同的內容。

圖 1-15 **ChatGPT 在客戶服務和支援的應用範例**

 本公司是一家專門從事自然語言處理的人工智慧企業，專注生成式 AI 模型，我是公司的銷售人員小李，請幫我寫一封向客戶介紹公司的郵件。

 尊敬的客戶：

我是小李，來自一家專注於自然語言處理的人工智慧企業，非常感謝您對我們公司的關注和信任。

我們公司專注於生成式 AI 模型的開發和應用，利用最先進的技術和演算法，為客戶提供高品質的智慧解決方案。我們的核心產品包括自然語言生成、文本摘要、語言翻譯等多種應用。

我們擁有一支由經驗豐富的資料分析科學家、機器學習工程師和自然語言處理專家組成的團隊，他們在這一領域擁有豐富的經驗和卓越的技術水準。無論是從技術能力還是從解決方案的實際效能來看，我們都可以為客戶提供最優秀的服務。

在合作中，我們將為客戶提供完善的技術支援和優質服務，致力於幫助客戶實現商業價值和業務增長。如果您對我們的產品和服務有任何疑問或需求，請隨時與我們聯繫，我們將竭誠為您服務。

再次感謝您的關注和支持，期待未來能夠與您建立長期的合作關係。

此致
敬禮
小李
銷售人員
XXX 公司

互動問答：ChatGPT 能夠作為線上學習平台，在互動中回答問題，並提供相應的幫助。比如你花費一個週末的時間學習了古羅馬歷史，現在你想對自己的知識進行測試，ChatGPT 可以輕而易舉地提供你 5 個關於歷史的問題（圖1-16），還能對你已經寫下的試題答案進行糾正。

圖1-16 ChatGPT 在互動問答的應用範例

 給我出 5 個古羅馬歷史的考題，並給出答案。

 1. 古羅馬帝國在哪個時期達到其最高峰？它的領袖是誰？
答案：古羅馬帝國在西元 2 世紀時達到最高峰，其領袖為圖拉真。

2. 古羅馬共和國是如何結束的？它被哪個人物所接管？
答案：古羅馬共和國於西元前 27 年結束，由奧古斯都接管帝國政權。

3. 古羅馬帝國是如何管理其龐大的領土？它採用了哪些方法來鞏固其統治權？
答案：古羅馬帝國採用了分封制和行省制來管理其領土，並透過公共工程和文化擴張來鞏固其統治。

4. 古羅馬的哪些成就對現代世界產生了影響？
答案：古羅馬的法律體系、語言、道路、建築和工程技術對現代世界產生了重要的影響。

5. 古羅馬帝國為什麼最終衰落？有哪些因素導致了它的衰敗？
答案：古羅馬帝國最終衰落的原因有多種，包括政治腐敗、財政赤字、軍隊士氣下降、內部分裂以及外敵入侵等。

　　醫療保健：ChatGPT 能夠對患者關於疾病和治療的問題進行回答，還能以此為基礎提供一些照護和營養建議。比如你家的小朋友突然胃口不好，你也不知道為什麼，這時候就可以問問 ChatGPT，它有強大的整合能力，會把孩子胃口不好的原因詳細解釋並列舉出來（圖 1-17），你還可以問它該怎麼辦，讓它充當你的「私人健康調理師」。

圖 1-17 ChatGPT 在醫療保健的應用範例

 小孩胃口不好可能是什麼原因？

 小孩胃口不好的原因有很多種可能，以下是一些可能的原因：

1. 生長發育階段：在某些時期，孩子的胃口會變化，比如在生長發育期或者換牙期。

2. 疾病或感染：孩子可能患有消化系統疾病或者感染，例如腸胃炎、感冒等，這些都會影響到孩子的胃口。

3. 厭食症：某些孩子可能會出現食物厭惡或拒絕食物的症狀，這可能是因為心理問題或厭食症等疾病引起的。

4. 飲食偏好：孩子可能對某些食物有偏好或者厭惡，這可能與其家庭、文化和生活經歷等有關。

5. 營養不良：如果孩子的飲食不均衡或者缺乏營養，可能會導致胃口不好，甚至引起營養不良。

如果孩子的胃口一直不好，建議家長帶孩子去看醫生，以確定具體原因並得到妥善的治療。

　　進行程式審查：你是否曾經有過這樣的體驗，花費了整整一天的時間寫程式，但現在實在是太累了，沒有精力去複查自己敲下來的程式？這時候 ChatGPT 也能派上用場，你可以要求它去檢查程式中的錯誤並修改，為自己省下大把精力（圖 1-18）。

圖 1-18 **ChatGPT 在程式審查方面的應用範例**

 請問以下 Python 程式有什麼問題？

```python
import os

root_dir = '/home'
for sub_dir in os.listdir(root_dir):
  for sub_file in os.listdir(sub_dir):
    if sub_file.endswith('.txt'):
      continue
    with open(sub_file) as f:
      content = f.read()
      print(content)
```

 這段程式有以下問題：

1. 在第 4 行中，os.listdir(sub_dir) 返回的是 sub_dir 下的文件列表，但是這裡的 sub_dir 僅僅是子目錄的名字，缺少上一層目錄路徑。需要使用 os.path.join() 方法來構建完整的目錄路徑，例如：os.path.join(root_dir,sub_dir)。

2. 在第 6 行中，如果 sub_file 的檔案名以「.txt」結尾，不應該使用

continue 跳過當前迴圈。但是在第 7 行中，嘗試打開 sub_file 檔時，需要使用 os.path.join() 方法來構建完整的文件路徑，例如：os.path.join(root_dir,sub_dir,sub_file)。

3. 在第 8 行中，應該使用 with 語句來打開文件，並且需要添加一個 try-except 程式語法來抓出文件開啟錯誤，以防止程式崩潰。

因此，修改後的程式如下所示：

```
import os

root_dir = '/home'
for sub_dir in os.listdir(root_dir):
  sub_path = os.path. join(root_dir, sub_dir)
  for sub_file in os.listdir(sub_path):
    file_path = os.path.join(sub_path, sub_file)
    if sub_file.endswith('.txt'):
      try:
        with open(file_path) as f:
          content = f.read()
          print(content)
      except IOError:
        print(f"Error opening file {file_path}")
else:
continue
```

　　進行程式評論：不少工程師表示這個功能太讓他們心動了！如果你給 ChatGPT 一段程式，並且讓它做注釋去解釋每段程式的作用，它就會回饋給你一段注釋的程式（圖 1-19）。這同樣能夠幫工程師們省不少事，讓工作變得順暢很多。

圖1-19 ChatGPT 在程式評論的應用範例

 這是一個 python 程式片段，請幫我把這段程式加上注釋。

```
from sklearn.neighbors import NearestNeighbors
samples = [[0., 0., 0.], [0., .5, 0.], [1., 1., .5]]

neigh = NearestNeighbors(n_neighbors=1)
neigh.fit(samples)
print(neigh.kneighbors([[1., 1., 1.]]))

X = [[0., 1., 0.], [1., 0., 1.]]
print(neigh.kneighbors(X, return_distance=False))
A = neigh.kneighbors_graph(X)
print(A.toarray())
```

 以下是帶注釋的 Python 程式：

```
# 導入 sklearn.neighbors 模組中的 NearestNeighbors 類
from sklearn.neighbors import NearestNeighbors

# 定義樣本資料
samples = [[0., 0., 0.], [0., .5, 0.], [1., 1., .5]]

# 創建 NearestNeighbors 對象，設置 k=1
neigh = NearestNeighbors (n_neighbors=1)

# 對樣本資料進行擬合
neigh.fit (samples)

# 查找離 [[1., 1.,1. ]] 最近的樣本點，輸出距離和樣本點的索引
print (neigh.kneighbors[[1., 1.,1. ]]

# 定義新的樣本資料
X = [[0., 1., 0.], [1., 0., 1.]]

# 查找 X 中每個樣本點的最近鄰，輸出每個樣本點最近鄰的索引
print (neigh.kneighbors (X, return_distance=False))

# 創建 X 中每個樣本點之間的最近鄰圖，輸出鄰接矩陣
A = neigh.kneighbors_graph(X)
print (A.toarray())
```

該程式展示了如何使用 sklearn.neighbors 模組中的 NearestNeighbors 類來查找樣本資料中每個樣本點的最近鄰，以及如何創建最近鄰圖。其中，earestNeighbors 類中的 n_neighbors 參數用於指定要查找的最近鄰的數量，kneighbors 方法用於查找每個樣本點的最近鄰，kneighbors_graph 方法用於創建最近鄰圖。

Excel 助手：在日常辦公中讓 ChatGPT 幫我們編寫幾個 Excel 公式也是沒問題的。我們把表格處理的需求透過文本描述的方式輸入給 ChatGPT，ChatGPT 便能生成一段 Excel 公式，經過驗證，這段公式是實際可用的（圖 1-20）。

圖 1-20 ChatGPT 在 Excel 助手的應用範例

 Excel 工作表中，我想要把 A 列英文姓名的首字母全部大寫，請幫我編寫一段公式。

 在 Excel 中，您可以使用以下公式將 A 列英文姓名的首字母全部大寫：
=UPPER(LEFT(A1,1))&LOWER(RIGHT(A1,LEN(A1)-1))

該公式首先使用 LEFT 函數提取文本字串中的第一個字元（即姓名的第一個字母），然後使用 UPPER 函數將其轉換為大寫。接著，使用 RIGHT 函數和 LEN 函數提取文本字串中除第一個字元外的其餘字元，並使用 LOWER 函數將它們轉換為小寫。最後，將首字母和其餘字元拼接在一起形成完整的姓名，並將其作為公式的返回值。

請注意：該公式僅適用於英文姓名，對於中文姓名或其他語言的姓名可能需要進行適當調整。

前面我們提到了一些 ChatGPT 的基礎應用層面，其實它的技能遠不止於此，甚至還能在行銷、客服、風控等業務發揮功用。它能直接幫助跨境電商的賣家生成行銷文案，在應用智慧廣告投放、提供即時客戶服務、改善客戶體驗等方面降低成本、增加效益。

如果你是一個電商平台的賣家，需要馬上上架一款商品，但是寫文案的員工請假了，這個時候你就可以利用 ChatGPT 來迅速生成一段行銷文案。當然，前提是你需要告訴它你想要的風格和主題，已經有不少人嘗試過拿它生成實際可用的文案了。

類似 ChatGPT 的大型語言模型還可以提升金融業務流程的自動化水準，使得使用者信用資料、歷史借款紀錄、還款紀錄等資料分析以及關鍵資訊查詢、消費者風險等級評估等工作環節都趨向於自動化，全面提升產業的風險辨識能力。隨著模型的升級更新，相信以後它的「業務範圍」也會越來越廣。

2023 年 3 月，OpenAI 宣布正式上線了 ChatGPT 外掛程式系統，OpenAI 表示，現在的語言模型雖然在各類任務

中都能有所表現，但有的時候結果還是不盡如人意，而透過加入更多資料進行訓練，可以不斷提升模型效果。OpenAI 將外掛程式比喻成「眼睛和耳朵」，新上線的外掛程式系統能與開發人員定義的 API 進行交流，進而將 ChatGPT 與協力廠商應用程式對接，這樣模型可以獲取更多、更新或其他未被包含在訓練資料內的資訊。外掛程式執行安全、受控的操作，提高了整個系統的實用性，ChatGPT 所能適用執行的範圍也變得更為廣泛。

總結來說，從相關應用來看，ChatGPT 能夠進行快速閱讀和摘要、客戶服務和支援、程式審查、程式評論、醫療保健、行銷文案生成等工作，但也不僅限於此。隨著模型技術和運算技術不斷進步，ChatGPT 也會進一步走向更高階的版本，為人類在更多的產業和領域內進行應用，並生成更豐富的對話及內容。

但是，ChatGPT 在應用中也不可避免地表現出一些局限和弊端：ChatGPT 的回答不夠準確，存在胡謅或混淆等情況，使用者需要自行判斷；ChatGPT 缺乏人類的判斷力，不能辨別真假，無法理解和解決複雜問題，甚至存在倫理風

險；ChatGPT 模型需要不斷進行訓練和調整，需要提供大量的學習語料和運算支援，導致成本巨大；ChatGPT 模型本身存在不穩定、不透明、無法解釋等情況；ChatGPT 給社會帶來了失業焦慮和恐慌，有人預測類似大模型的發展會造成大量失業。

任何工具都有弊有利，ChatGPT 也不例外，面對 ChatGPT 呈現出的正反面回饋，我們更要對這種工具進行合理化應用。促進人工智慧的發展，仍然任重而道遠。

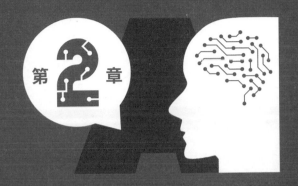

AIGC 的底層邏輯

現在你應該了解我們廣泛使用的生成式 AI 是何方神聖了。在本章，我們將更加深入，從底層技術邏輯，也就是用什麼去生成的角度，繼續剖析生成式 AI，讓它的架構和脈絡展現出來。

本章的內容包含生成式 AI 的基礎模型，包括 Transformer 模型、GPT 模型和 Diffusion 模型。你可能會覺得這些看起來有點難度，但讀完了這一章，你就能理解這些模型的運作邏輯，如此才能更熟練地應用生成式 AI 為自己服務。

2-1

生成式模型基礎

人工智慧領域經過最近十多年的發展達到目前的應用相對成熟，技術上最大的功臣無疑是深度學習。而深度學習的爆發式成長狀態得益於龐大的資料、圖形處理器帶來的強大運算以及模型的持續改進。2006 年，電腦科學家、認知心理學家傑佛瑞・辛頓（Geoffrey Hinton）首次提出了「深度學習」的概念。

與傳統的訓練方式不同，深度學習有一個「預訓練」

（pre-training）的過程，可以方便地讓神經網路中的模型參數找到一個接近最佳解答的值，之後再使用「微調」（fine -tuning）來對整個網路進行優化訓練。這種分階段的訓練方法大幅度減少了訓練深度學習模型的時間。毫無疑問，前文中我們提到的 GPT、ChatGPT、Diffusion 等生成式 AI 模型都屬於深度學習模型。

　　那麼，什麼是深度學習，它和機器學習又有什麼關係？有哪些經典的深度學習模型對我們理解最新的生成式 AI 有幫助？本節將為你回答這些問題。

深度學習的前世今生

　　機器學習是人工智慧的分支，它專門研究電腦如何類比和實現人類的學習行為。在人工智慧發展過程中，機器學習占據核心地位。透過各種模型，機器學習可以從大量的資料中習得規律，進而對新的資料做出智慧辨識或者預測，並且提供決策支援，而深度學習是機器學習的一種。

　　如圖 2-1 所示，人工智慧是一個範圍很大的概念，其中包括了機器學習。機器學習是人工智慧提升性能的重要途

徑，深度學習又是機器學習的重要組成部分。深度學習解決了許多複雜的辨識、預測和生成難題，使機器學習向前邁進了一大步，促進了人工智慧的蓬勃發展。那麼深度學習又是如何發展起來的呢？

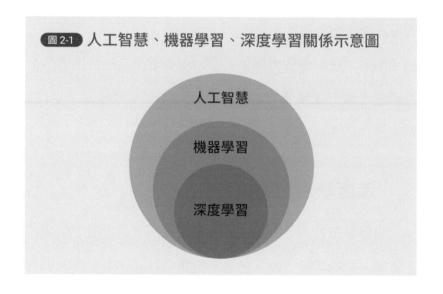

圖2-1 人工智慧、機器學習、深度學習關係示意圖

深度學習的概念最初起源於人工神經網路（artificial neural networks）。科學家發現人的大腦中含有大約 1,000 億個神經元，大腦平時進行的思考、記憶等工作，其實都是依靠神經元彼此連接而形成的神經網路來進行的。人工神經

網路是一種模仿人類神經網路來進行資訊處理的模型，它具有自主學習和自適應的能力。

　　1943 年，數學家皮茨（Pitts）和麥卡洛克（McCulloch）建立了第一個神經網路模型 M-P 模型，能夠進行邏輯運算，為神經網路的發展奠定了基礎。生物神經元一共由 4 個部分組成：細胞體、樹突、軸突和軸突末梢。M-P 模型其實是模仿生物神經元結構，如圖 2-2，左邊是生物神經元的示意圖，右邊是 M-P 模型的示意圖。

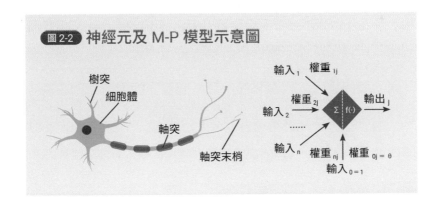

圖 2-2　神經元及 M-P 模型示意圖

　　為了建模更加方便簡單，M-P 模型將神經元中的樹突、細胞體等接收到的信號都看作「輸入值」，軸突末梢發出

的信號視作「輸出值」。1958 年，電腦科學家羅森布拉特（Rosenblatt）發明了感知器，它分為 3 個部分：輸入層、輸出層和隱藏層。感知器能夠進行一些簡單的模式辨識和聯想記憶，是人工神經網路的一大突破，但這個感知器存在一個問題，就是無法對複雜的函數進行預測。

20 世紀 80 年代，人工智慧科學家魯梅爾哈特（Rumelhart）、威廉斯（Williams）、辛頓、楊立昆（Yann LeCun）等人發明的多層感知器解決了這個問題，推動了人工神經網路的進一步發展。1990 年代，諾貝爾獎獲獎者埃德爾曼（Edelman）提出 Darwinism 模型並建立了一種神經網路系統理論。他從達爾文的物競天擇理論中獲得啟發，將其與大腦的思考方式聯繫在一起，認為「面對未知的未來，成功適應的基本要素是事先存在的多樣性」，這與我們現在論述較多的模型訓練和預測方式相契合，對 1990 年代神經網路的發展產生了重大意義。

在這之後，神經網路技術再也沒有出現過突破性的發展。直到 2006 年，被稱為「人工智慧教父」的辛頓正式提出了深度學習的概念，認為透過無監督學習和有監督學習相

結合的方式，可以對現有的模型進行優化。這一觀點的提出在人工智慧領域引起了很大回響，許多像史丹佛大學這樣的著名高等學府的學者紛紛開始研究深度學習。

2006 年被稱為「深度學習元年」，深度學習從這一年開始迎來了爆發式的發展。2009 年，深度學習應用於語音辨識領域，2012 年，深度學習模型 AlexNet 在 ImageNet 圖像辨識大賽中拔得頭籌，深度學習開始被視為神經網路的代名詞。同樣是在這一年，人工智慧領域權威學者吳恩達教授開發的深度神經網路，將圖像辨識的錯誤率從 26% 降低到了 15%，這是人工智慧在圖像辨識領域的一大進步。

2014 年，臉書開發的深度學習專案 DeepFace 在辨識人臉方面的準確率達到了 97% 以上。2016 年，基於深度學習的 AlphaGo 在圍棋比賽中戰勝了韓國頂尖棋手李世乭，在全球造成轟動，這一事件不但使深度學習受到了認可，人工智慧也因此被社會大眾熟知。2017 年，深度學習開始應用在各個領域，如公共安全、醫學影像、金融風控、課堂教學等，一直到最近的熱門產品 ChatGPT，它在不知不覺中已經滲透到我們的生活中。

深度學習的經典模型

透過上面的介紹，我們知道了深度學習屬於機器學習，也知道了深度學習是怎樣從人工神經網路一步一步發展起來的。那麼，深度學習到底是什麼呢？深度學習是建立在電腦神經網路理論和機器學習理論上的科學，它利用建立在複雜網路結構上的多處理層，結合非線性轉換方法，對複雜資料模型進行抽象，能夠很好地辨識圖像、聲音和文本。下面，我們就來介紹兩種深度學習的經典模型：CNN 和 RNN。

CNN 的全稱是 convolutional neural network，也就是卷積神經網路。卷積神經網路的研究出現於 1980 至 1990 年代，到了 21 世紀，隨著科學家們對深度學習的深入研究，卷積神經網路也得到了快速的發展，該網路經常用於圖像辨識領域。如圖 2-3，卷積神經網路共分為以下幾個層級：輸入層（input layer）、卷積層（convolution layer）、池化層（pooling layer）、全連接層（fully connected layer）。

當圖像進入輸入層，模型會對這個圖像進行一些簡單的預處理，比如說降低圖像大小，便於圖像辨識。卷積層裡的

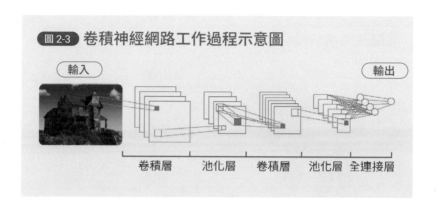

神經元會對圖像進行各個面向的特徵擷取，這個擷取動作不是針對原圖像進行，而是僅對圖像的局部進行特徵擷取，比如說需要辨識的是一張包含小狗的照片，神經元只負責處理這張照片中的一小部分，例如狗的耳朵、眼睛。卷積層對圖像進行不同區塊的特徵擷取，大幅增加了獲取特徵的維度，有助於提升最終辨識的準確度。

　　池化就是對圖像進行壓縮降維，減少圖像辨識需要處理的資料量。全連接層需要做的就是將前面所擷取出來的所有圖像特徵連接組合起來，如圖 2-4 中，將擷取到的小狗的頭、身體、腿等局部特徵組合起來，形成一個完整的包含小狗特徵的向量，然後辨識出類別，這就是卷積神經網路進行圖像

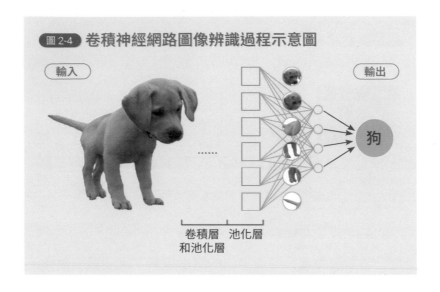

辨識的全過程。

　　透過對卷積神經網路工作過程的梳理，我們可以總結出卷積神經網路的 3 個特性：第一，圖像辨識不需要辨識圖像的全部，每個神經元只需要聚焦圖像的一小部分，辨識的難度降低；第二，卷積層對應的神經元可以應用於不同的圖像辨識任務，比如圖 2-4 中的神經元，經過訓練，已經能夠辨識出小狗，那這些神經元也可以應用於辨識其他任何圖像中的相似物體。第三，雖然圖像特徵的大小降低了，但是由於保留了圖像的主要特徵，所以並不影響圖像辨識，反而減少

了辨識圖像需要處理的資料量。

　　這 3 個特性讓卷積神經網路非常適合用於圖像辨識，例如由牛津大學開發的 VGG 模型就是基於卷積神經網路模型建立的，它在辨識物體的矩形選框、圖像的定位與檢索等方面十分準確，這使得它在 2014 年 ImageNet 競賽定位任務中獲得了第一名。

　　人工神經網路和卷積神經網路在深度學習領域都占有一席之地，但它們辨識的都是獨立的事件。比如卷積神經網路非常擅長辨識獨立的圖像，如果讓它辨識 100 張照片，輸出的結果互相不受任何影響，但是讓它辨識或者預測一句連續的話，比如理解一個寓言故事或者翻譯一段英文，可能就沒有這麼好的效果了。

　　可是在現實生活中，我們會遇到很多連續的事件，比如「小明每次去超市都會買很多蘋果，因為他最喜歡吃（　）」，聯繫上下文，我們都可以很容易推測出括弧裡應該是「蘋果」這個詞，因為括弧前的「吃」字是一個動詞，動詞後面經常跟著的是名詞，而這個句子中的名詞只有「蘋果」最合適。為了能夠辨識這些連續性很強的事件，彌補人工神經網

路和卷積神經網路的不足，RNN 模型誕生了。

　　RNN 的全各是 recurrent neural network，也就是循環神經網路。循環神經網路的研究最早出現於 1980 年代末，由幾位神經網路專家提出，該模型經常用於時間序列訊號（如語音）的辨識和理解。

　　循環就是重複的意思，循環神經網路模型在運作時會對同一個序列進行重複的操作。序列是被排成一列的物件，序列中的元素相互依賴，排列順序非常重要，比如時間序列資料、對話等，一旦順序錯亂，含義和作用都會發生巨大改變。循環神經網路解決了卷積神經網路不能很好地辨識連續性事件的問題，在深度學習領域發揮了不可替代的作用。

　　循環神經網路之所以能對連續性事件進行辨識，是因為它不僅將當前的輸入資料視為網路輸入，還將之前感知到的資料一併視為輸入。根據記憶的長短，從第一層開始，傳遞到下一層，以此類推，最後得到輸出結果。

　　圖 2-5 表示的就是一個循環神經網路的示意圖，它由輸入層、隱藏層和輸出層 3 部分組成，循環就發生在隱藏層。隱藏層裡一般會設置一個特定的預測函數，當我們向

循環神經網路模型輸入一個連續性事件後，在隱藏層的這個函數就會進行運算，這個運算結果又可以作為輸入進入隱藏層再一次進行運算。如此這般，就形成了一個不斷循環的預測，這個預測既與新輸入的資料有關，也取決於每一次循環的輸入。

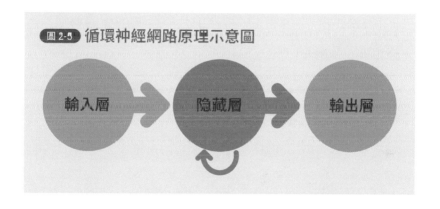

圖 2-5　循環神經網路原理示意圖

連續性資料在日常生活中出現的頻率很高，讓循環神經網路有著廣泛的應用空間。例如，我們可以依靠循環神經網路預測一句話中的下一個詞語或一篇文章中的下一句話是什麼，以此來生成文本，撰稿機器人就可以利用循環神經網路來實現這一點。循環神經網路模型還可以將文本翻譯成其他

的語言，所以也廣泛用於智慧翻譯。循環神經網路的另一個常見應用是語音辨識，我們現在使用的很多智慧語音助手都應用了循環神經網路。

隨著經濟的發展，股票市場的規模不斷擴大，股票的價格波動也存在一定的規律，而循環神經網路在股市預測方面有先天的優勢，大量股市歷史資料的累積使得循環神經網路可以學到股價的走勢規律，根據前一段時間的股價波動情況大致預測出之後的股價走勢。

比如，循環神經網路發現，某檔股票價格連續下跌超過7天，之後就會緩慢上漲，並且在很長一段時間內這檔股票的價格都呈現出這個規律，那麼當這檔股票的價格再一次持續下跌，下跌的第7天就是投資人買入的最好時機。事實證明，循環神經網路對於股價的預測能夠相對貼近真實數據，具有很高的應用價值。

循環神經網路還可以有效地進行文本辨識，以電商領域為例，如何結合用戶的評價正確評估商品品質以及商家信譽，是一個亟待解決的問題，在循環神經網路的文本辨識功能的幫助下，我們可以很好地解決這個問題。在循環神經網

路分析評價的過程中，最重要的一個步驟是對使用者的評價進行處理，即透過循環神經網路分析使用者的商品評論，再將其轉化為對商家的評價。

比如，循環神經網路辨識出不同的商家同時在販賣同一種商品，但在商品品質方面，商家甲的好評數遠遠高於商家乙，那麼在這一方面，商家甲的評價就會高於商家乙。影響商家評價的因素還有很多，比如服務態度、出貨速度，以及商品與描述相符度等，將這些因素全部考慮在內，就會形成一個全面的商家評價。循環神經網路在商家評價方面的應用，使用戶不會被大量的商品資訊以及主觀評價迷惑，更容易找到符合自身需求且高品質的商品。

可自主學習的 GAN

GAN 的 全 稱 是 generative adversarial networks， 即生成式對抗網路，由伊恩 · 古德費洛（Ian Goodfellow）等人在 2014 年提出，此後各種不同變化，如 CycleGAN、StyleGAN 等層出不窮，在「換臉」、「換衣」等情況下生成的圖片和影片足以以假亂真。2020 年，使用 PaddleGAN

的表情遷移模型能用一張照片生成一段唱歌影片,使「螞蟻呀嘿」等各種搞笑影片紅遍網路。

下面,我們來了解什麼是生成式對抗網路。生成式對抗網路是基於無監督學習方法的一種模型,即透過 2 個神經網路相互博弈的方式進行學習,這 2 個神經網路一個是生成模型,另一個是判別模型。生成模型從潛在空間中隨機取樣輸入,如圖 2-6 所示,生成模型接收雜訊,再將雜訊轉換為虛擬資料,其輸出結果需要盡量模仿真實樣本,然後將虛擬資料發送到判別模型進行分類。

判別模型的輸入資料則為真實樣本和生成模型的輸出結

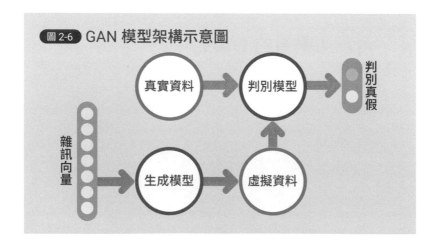

圖 2-6　GAN 模型架構示意圖

果，其工作是將生成模型的輸出與真實樣本區別開來。兩個
網路相互對抗、不斷調整參數，最終達到生成模型的輸出結
果與真實樣本無二。

　　一般來說，GAN 的工作原理類似於這樣的狀況：一個
男生試圖拍出攝影大師的照片，而一個女生要找出照片的瑕
疵。這個過程是男生先拍出一些照片，然後出女生分辨男生
拍的照片與攝影大師的照片的區別。男生再根據回饋改進自
己的拍攝技術和方法，拍出一些新的照片，女生再對這些新
照片繼續提出修改意見，直到達到均衡狀態──女生無法再
分辨男生拍的照片與攝影大師的照片有什麼區別。

　　透過這種方式，GAN 能夠從多個面向學習到大量無標
註資料的特性。以往的模型訓練過程，要標註員將輸入資料
打上標籤之後，模型才開始進行學習；而利用生成模型和判
別模型之間的「相互對抗」，GAN 可自主學習輸入資料的
規律，確保生成結果接近資料庫中的真實樣本，進而實現無
標註資料的學習。其實，GAN 和所有的生成式模型都一樣，
目標就是調適訓練資料的分布，對於圖片生成任務來說，就
是學習資料庫中圖片的像素機率分布。

　　了解了 GAN 的基本原理，我們看一下 GAN 的應用領域。
第一，條件生成，GAN 可以基於一段文字生成一張圖片，
或者基於一段文字生成一段影片。第二，加強資料，GAN
可以學習資料庫樣本的分布，然後進行抽樣，生成新的樣
本，我們可以使用這些樣本來增加資料庫的多樣性。第三，
風格遷移，GAN 可以將一張圖片的風格轉移到另外一張圖
片上，也就是可以在不改變圖片主要構圖及物件的情況下，
將圖片轉換成另一種風格，GAN 能夠很好地從圖片中學習

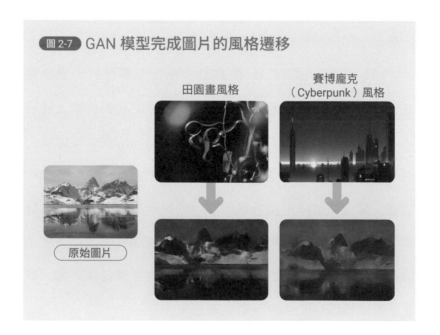

圖2-7 GAN 模型完成圖片的風格遷移

到畫家的真正風格特徵（圖 2-7）。

如今，深度學習的爆發式成長已經普及到了日常生活、產業發展和科學研究的各個面向。透過深度學習，我們既可以辨識圖片、預判趨勢，又可以優化工作決策，更可以自動生成新的樣木和內容。雖然以深度學習為核心的人工智慧與人類認知尚有較大的差距，但作為人類思維的輔助工具，深度學習已經成為現在和未來的必然發展趨勢。

木節介紹的 CNN、RNN 和 GAN 都是深度學習模型的典型代表，後續我們在介紹各類生成式 AI 模型的時候會再次提及它們。

Transformer 和 ChatGPT 模型

我們前面已經介紹過，Transformer 與 ChatGPT 模型的出現密切相關。事實上，Transformer 自提出之後就被廣泛應用並不斷擴展。例如 DeepMind 公司就應用 Transformer 構建了蛋白質結構預測模型 AlphaFold 2，現在 Transformer 也進入了電腦視覺領域，在許多複雜任務中正慢慢取代卷積神經網路。

可以說，Transformer 已經成為深度學習和深度神經網

路技術進步的最亮眼成果之一。Transformer 究竟是何方神聖，能夠催生出像 ChatGPT 這樣的最新人工智慧應用成果？下面就為你揭秘。

序列到序列（seq2seq）

提到 Transformer，大家肯定首先想到的就是 transform 這個詞，也就是「轉換」的意思。而顧名思義，Transformer 也就是「轉換器」的意思。為什麼一個技術模型要叫轉換器呢？其實，這也正是 Transformer 的核心，也就是它能實現的功能──從序列到序列。但這個從序列到序列，可不是簡單地從一個詞跳到另一個詞，中間要經過很多道「工序」，才能達到想要的效果。

很多人肯定對「序列」這個詞感到疑惑，實際上它是由英文單字 sequence 翻譯過來的。序列，指的是文本資料、語音資料、影片資料等一系列具有連續關係的資料。不同於圖片資料，不同圖片之間往往不具有什麼關係，文本、語音和影片這種資料具有連續關係。這些資料在這一時刻的內容，往往與前面幾個時刻的內容相關，同樣也會

影響後續時刻的內容。

在機器學習中，有一類特殊的任務，專門用來處理將一個序列轉換成另外一個序列的問題，例如我們熟知的語言翻譯，就是將一種語言的文字序列轉換成另一種語言的文字序列。再例如聊天機器人，本質上也是將問題對應的文字序列，轉換成回答對應的文字序列。

我們將上述這些行為稱為序列到序列問題，也是 Transformer 的核心、深度學習最令人著迷的領域之一。表 2-1 中列舉了一些序列到序列的問題，包括任務類型、輸入內容和輸出內容。

表 2-1　序列到序列問題範例

任務類型	輸入內容	輸出內容
機器翻譯	一種語言的文字	另外一種語言的文字
語音辨識	一段人說話的語音	語音中人說的話
生成圖片	一段對圖片內容的描述文字	一張符合描述的圖片
生成音樂	一段對音樂的描述文字	一段符合描述的音樂
DNA 序列分析	一段 DNA 序列	其中最關鍵的片段
工程建設排程	一段對工程建設排程的描述文字	一張工程建設排程表
工業控制程式設計	一段對工業控制邏輯的描述文字	一個工業控制程式

序列到序列任務一般具有以下兩個特點：

1. **輸入和輸出的序列長度不固定**：比如進行語言翻譯時，待翻譯的句子和翻譯結果的長度大多不相同。

2. **輸入和輸出序列中元素之間具有順序關係**：不同的順序，得到的結果應該是不同的，比如「我不喜歡」和「不喜歡我」這 2 個句子表達了 2 種完全不一樣的意思。

深度神經網路在解決輸入和輸出是固定長度的向量問題時，如圖像辨識，表現還是很優秀的，如果長度有一點變化，它也會靈活採用補零等方法來解決問題。但是對於機器翻譯、語音辨識、智慧對話等問題，即將文本視為序列時，事先並不知道輸入與輸出的長度，深度神經網路的處理效果就不盡如人意了。因此，如何讓深度神經網路能夠處理這些長度不固定的序列問題，自 2013 年以後就成了研究界的重點，seq2seq 模型就在此基礎上誕生了。

seq2seq 模型一般是由編碼器（encoder）和解碼器（decoder）組成的，圖 2-8 是一張標準的編解碼機制結構圖，其工作流程可以簡單描述為，在編碼器端對輸入序列進行編碼，生成一個中間的語義編碼向量，然後在解碼器端對

這個中間向量進行解碼,得到目標輸出序列。以中譯英為例,編碼器端對應的輸入是一段中文序列,解碼器端對應的輸出就是翻譯出來的英文序列。

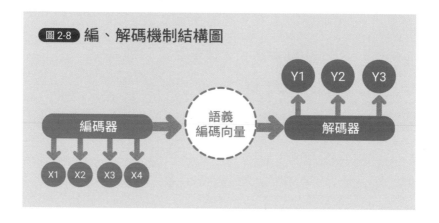

圖 2-8 編、解碼機制結構圖

在實際應用過程中,seq2seq 模型的輸入、輸出資料可以是不同形式的資料,對應的編碼器端和解碼器端採用的模型結構可以是不同的。例如,可以輸入一張圖片,輸出針對圖片的一段描述,實現「看圖說話」的功能,這時候編碼器端可以採用 CNN 模型,而解碼器端可以採用 RNN 模型;反過來,也可以輸入一段文字描述,生成一張

圖片，對應的編碼器端和解碼器端採用的模型也就顛倒過來。利用這種機制，編碼、解碼機制幾乎可以適配所有序列到序列的問題。

　　seq2seq 模型看似非常完美，但是在實際使用的過程中仍然會遇到一些問題。比如在翻譯時，如果句子過長，會產生梯度消失的問題，意思是由於解碼時使用的是最後一個隱藏層輸出的定長向量，越靠近末端的單字會被「記憶」得越深刻，而遠離末端的單字則會被逐漸稀釋掉，最終模型輸出的結果也因此不盡如人意。面對這些問題，研究人員也提出了對應的解決方案，比如加入注意力（attention）機制。

注意力機制

　　上面我們提到，傳統的編碼、解碼機制對序列長度有限制，本質原因是它無法充分反應一個句子序列中不同文字的關注程度。在不同的自然語言處理任務中，一個句子中的不同部分有不同含義和重要性，比如「我喜歡這本書，因為它講了很多關於養花的知識」這句話：如果對這句話做情感分析，訓練的時候明顯應該對「喜歡」這個詞進行

更多關注;而如果基於書的內容進行分類,我們應該更關注「養花」個詞。

這就涉及我們接下來要談的注意力機制,這其實是借鑒了人類的注意力思維方式:人類從直覺出發,能利用有限的注意力,從大量資訊中快速獲取最有價值的資訊。

注意力機制透過計算編碼器端輸出結果中每個向量與解碼器端輸出結果中每個向量的相關性,得出若干相關性分數,再進行正規化處理將其轉化為相關性權重,用來表徵輸入序列與輸出序列各元素之間的相關性。注意力機制訓練的過程中,不斷調整、優化這個權重向量,最終目標就是要幫助解碼器在生成結果時,對於輸入序列中每個元素都能有一個合理的相關性權重參考。

自注意力(Self-Attention)機制是注意力機制的一種變體,它減少了對外部資訊的依賴,更擅長捕捉資料或特徵的內部相關性,例如這樣一句英文:"He thought it was light before he lifted the backpack."(在舉起這個背包之前,他覺得它是輕的)句中 light 的意思是「燈」還是「輕」呢?

這就需要我們從上下文來理解，我們在看到 backpack 這個單字後就應該知道，這裡的 light 很大機率指的是「輕」。自注意力機制會計算每個單字與其他所有單字之間的關聯，在這句話裡，當翻譯 light 時，backpack 這個單字就有較高的相關性權重。

事實證明，自注意力機制確實能幫助模型更好地探勘文本內部的前後關聯，更符合自然語言處理任務的普遍要求，在功能上更是超過 seq2seq 模型。Transformer 就是透過結合多個自注意力機制，來學習內容在不同地方呈現的特徵，進而將「無意」序列轉換為「有意」序列。

 ## Transformer 模型

Transformer 模型在普通的編碼、解碼作業結構基礎上做了升級，它的編碼端是由多個編碼器串聯構成的，而解碼端同樣由多個解碼器構成（圖 2-9）。它同時也在輸入編碼和自注意力方面做了優化，例如採用多頭注意力機制、引入位置編碼機制等等，能夠辨識更複雜的語言情況，進而能夠處理更為複雜的任務。

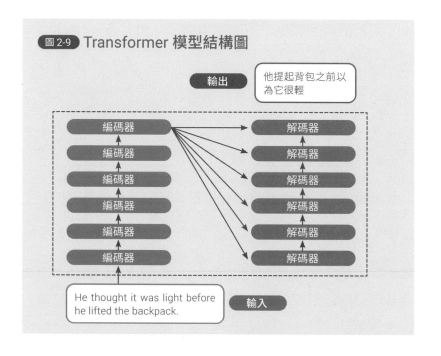

圖 2-9 Transformer 模型結構圖

下面我們詳細說明一下，如圖 2-10。首先看編碼器部分，Transformer 模型的每個編碼器有 2 個主要部分：自注意力機制和前饋神經網路。自注意力機制透過計算前一個編碼器輸入編碼之間的相關性權重，來輸出新的編碼，之後前饋神經網路對每個新的編碼進行進一步處理，然後將這些處理後的編碼作為下一個編碼器或解碼器的輸入資料。

之後是解碼器部分，解碼器部分也由多個解碼器組成，

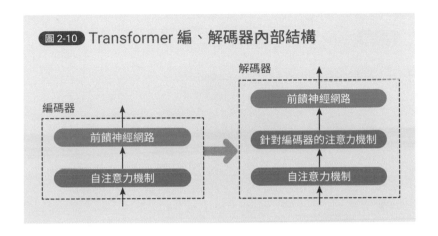

圖 2-10　Transformer 編、解碼器內部結構

每個解碼器有 3 個主要部分：自注意力機制、針對編碼器的注意力機制和前饋神經網路。可以看到，解碼器和編碼器類似，但多了一個針對編碼器的注意力機制，它從最後一個編碼器生成的編碼中獲取相關資訊。最後一個解碼器之後通常會連接最終的線性轉換和正規化層，用來生成最後的序列結果。

　　注意力方面，Transformer 採用的是多頭注意力（multi-head attention）。簡單來說，不同標註相互之間的注意力透過多個注意力頭來實現，而多個注意力頭針對標註之間的相關性來計算注意力權重（圖 2-11）。

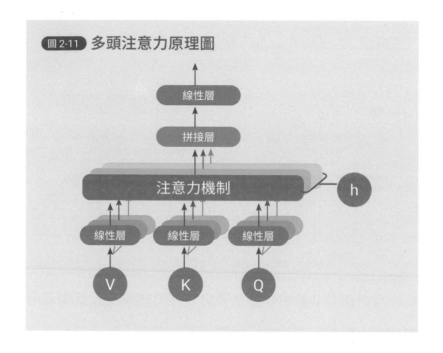

圖 2-11 多頭注意力原理圖

　　如在一個句子中，某個注意力頭主要關注上一個單字和下一個單字的關係，而另一個注意力頭就會把焦點放在句子中動詞和其對應受詞的關係上。而在實際操作中，這些注意力頭的計算都是同步進行的，這樣整體反應速度就會加快。這些注意力頭的計算完成以後會被拼接在一起，由前饋神經網路層進行處理後輸出。

　　為了便於理解，我們來看以下的例子："The monkey

ate the banana quickly and it looks hungry."（猴子快速地吃了香蕉，牠看起來很餓。）這句話中的「it」指的是什麼？是「banana」還是「monkey」？這對人類來說是一個簡單的問題，但對模型來說卻沒有那麼簡單，即便使用了自注意力機制，也無法避免誤差，但是引入多頭注意力機制就能很好地解決這個問題。

在多頭注意力機制中，其中一個編碼器對單字 it 進行編碼時，可能更專注於 monkey，而另一個編碼器的結果可能認為 it 和 banana 之間的關聯性更強，這種情況下模型最後輸出的結果較可能會出現偏差。這時候多頭注意力機制就發揮了作用，有其他更多編碼器注意到 hungry，透過多個編碼結果的加權組合，最終單字 hungry 的出現將導致 it 與 monkey 之間產生更大的關聯性，也就最大幅度地降低了語義理解上的偏差。

此外，位置編碼（positional encoding）機制也是 Transformer 特有的。

在輸入的時候，加上位置編碼的作用在於計算時不但要知道注意力聚焦在哪個單字上面，還需要知道單字之間的相

對位置關係。例如："She bought a book and a pen."（她買了書和筆。）這句話中的 2 個 a 修飾的是什麼？是 book 還是 pen ？意思是「一本」還是「一支」？這對人類來說也是一個簡單的問題，但對模型來說卻比較困難，如果只使用自注意力機制，可能會忽略 2 個 a 和它們後面名詞之間的關係，而只關注 a 和其他單字之間的相關性。

引入位置編碼就能很好地解決這個問題，透過加入位置編碼資訊，每個單字都會被加上一個表示它在序列中位置的向量。如此一來，在計算相關性時，模型不僅能夠考慮單字之間的語義相關性，還能夠考慮單字之間的位置相關性，也就能夠更準確地理解句子中每個單字所指稱或修飾的對象。

透過引入多頭注意力機制、位置編碼等方式，Transformer 有了最大限度理解語義並輸出相應回答的能力，這也為後續 GPT 模型這種大規模預訓練模型的出現奠定了基礎。

GPT 系列模型

GPT 屬於典型的「預訓練＋微調」兩階段模型，一般

的神經網路在進行訓練時，先對網路中的參數進行隨機初始化，再利用演算法不斷優化模型參數。

而 GPT 的訓練方式是，模型參數不再是隨機初始化的，而是使用大量資料進行「預訓練」，得到一套模型參數；然後用這套參數對模型進行初始化，再利用少量特定領域的資料進行訓練，這個過程即為「微調」，預訓練屬於遷移學習的一種。預訓練語言模型把自然語言處理帶入了一個新的階段——透過大數據預訓練加少量資料微調，自然語言處理任務無須再依賴大量的人工參數調整。

GPT 系列的模型結構秉持了不斷堆疊 Transformer 的思維，將 Transformer 作為特徵抽取器，使用超大的訓練語料庫、超多的模型參數以及超強的運算資源來進行訓練，並透過不斷提升訓練語料的規模和品質，提升網路的參數數量，完成迭代更新。GPT 模型的更新迭代也證明了，只要不斷提升模型容量和語料規模，模型的能力是可以不斷進化的。

相較於 GPT-1，GPT-2 不僅增加了訓練資料的數量、提高了訓練資料的品質，而且能夠直接用無監督（即不需標註樣本）的方法來進行後續任務。GPT-3 則是用「45 TB（兆

位元組）的訓練資料，175B（1,750 億）個參數的參數量」，這樣的資料量把模型規模做到了極致。

這也使得 GPT-3 模型無須或者使用極少量的樣本進行微調，就能完成特定領域的自然語言處理任務，並且在很多資料庫上直接超過了經過精心調整的微調模型的效果，節省模型訓練時間的同時，特定領域中需要大量標註語料的問題也迎刃而解。

ChatGPT 是在 GPT-3.5 模型基礎上的微調模型，在此基礎上，ChatGPT 採用了全新的訓練方式──從人類回饋中強化學習，透過這種方式的訓練，模型在語義理解方面展現出了前所未有的智慧。

如圖 2-12 所示，ChatGPT 的訓練分為 3 個步驟。

第一步，透過人工標註的方式生成微調模型。標註團隊首先準備一定數量的提示詞樣本，一部分由標註團隊自行準備，另一部分來自 OpenAI 現有的資料累積。然後，他們對這些樣本進行標註，其實就是人工對這些提示詞輸出了對應的答案，進而構成了「提示詞對應答案」這樣的資料庫。最後用這些資料庫來微調 GPT-3.5，得到一個微調模型。

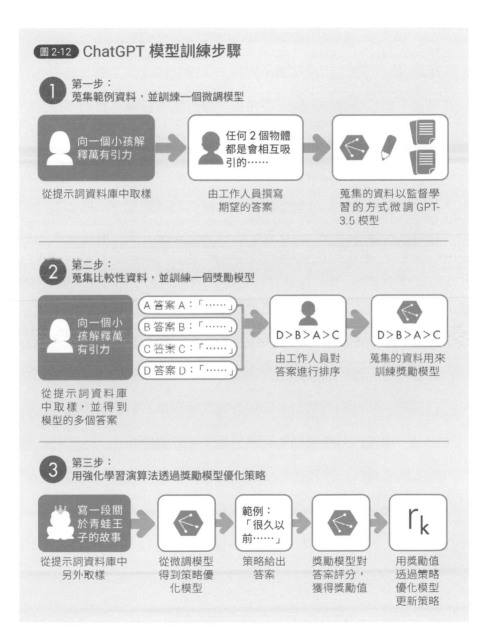

圖 2-12　ChatGPT 模型訓練步驟

第一步：
蒐集範例資料，並訓練一個微調模型

向一個小孩解釋萬有引力

任何 2 個物體都是會相互吸引的……

從提示詞資料庫中取樣　　由工作人員撰寫期望的答案　　蒐集的資料以監督學習的方式微調 GPT-3.5 模型

第二步：
蒐集比較性資料，並訓練一個獎勵模型

向一個小孩解釋萬有引力

A 答案 A：「……」
B 答案 B：「……」
C 答案 C：「……」
D 答案 D：「……」

D＞B＞A＞C

D＞B＞A＞C

從提示詞資料庫中取樣，並得到模型的多個答案　　由工作人員對答案進行排序　　蒐集的資料用來訓練獎勵模型

第三步：
用強化學習演算法透過獎勵模型優化策略

寫一段關於青蛙王子的故事

範例：「很久以前……」

r_k

從提示詞資料庫中另外取樣　　從微調模型得到策略優化模型　　策略給出答案　　獎勵模型對答案評分，獲得獎勵值　　用獎勵值透過策略優化模型更新策略

　　第二步，訓練一個可以評價答案滿意度的獎勵模型。同樣準備一個提示詞資料庫，讓第一步得到的模型來對其進行答覆。對於每個提示詞，要求模型輸出多個答案。標註團隊需要做的工作，就是將每個提示詞的答案進行排序，這其中隱含了人類對模型輸出效果的預期，以此形成了新的標註資料庫，最終用來訓練獎勵模型。透過這個獎勵模型，可以對模型的答案進行評分，也就為模型的答案提供了評價標準。

　　第三步，利用第二步訓練好的獎勵模型，透過強化學習演算法來優化答案策略。這裡採用的是一種策略優化模型，它會根據正在採取的行動和收到的獎勵不斷調整當前策略。具體來說，首先準備一個提示詞資料庫，對其中的提示詞進行答覆，然後利用第二步訓練好的獎勵模型去對該答案進行評分，根據評分結果調整答案策略。在這個過程中，人工已經不再參與，而是利用「AI 訓練 AI」的方式進行策略更新。最終重複這個過程多次之後，就能得到一個答案品質更好的策略。

　　就是經過這樣一步步的訓練，ChatGPT 逐漸成形，一經問世，其優秀的自然語言處理能力就獲得了全世界的

矚目。2023 年 3 月 OpenAI 發布了更為強大的 GPT-4，但
ChatGPT 在自然語言處理領域依然具有代表性的意義。我
們已對 ChatGPT 的實現原理及核心技術 Transformer 有了
一定了解，相信在不久的將來，這個最新成果將會為 AIGC
的應用創造出更多的可能。

Diffusion 模型

促進 AIGC 領域快速發展的另一大功臣當然要數 AI 繪圖技術的進步,尤其是 2022 年 4 月 OpenAI 發布的一款強大 AI 繪圖工具——DALL·E 2,使得 AI 繪圖的發展進入了新紀元。運用該工具,只需輸入簡短的文字,就可以生成全新的圖像,DALL·E 2 的發布再一次引發內容創作領域的熱潮。AI 繪圖工具的出現,將成為設計工作者的得力助手,促進新一代內容生產工具的變革。

一時之間,網路上出現了各種使用 DALL·E 2 生成的圖像。從穿格子襯衫的動物卡通人物到優美的山水畫,再到科技主題的 PPT 商用配圖,DALL·E 2 都能一蹴而成。值得一提的是,這些作品都是真正「創作」出來的,在網路圖庫中找不到一模一樣的作品。圖 2-13 呈現了 DALL·E 2 根據 "cowboy skiing, oil painting"(牛仔在滑雪,油畫風格)生成的圖像。

圖 2-13　DALL·E 2 模型輸出效果範例

DALL·E 2 既是內容創作領域的革命性工具,同時也成為圖像生成和處理技術領域的新標杆,而它背後的技術核心 —— Diffusion 模型也受到了廣泛的關注。2022 年 8 月,由 Stability AI 公司開發的另一款文本生成圖像產品 —— Stable

Diffusion，同樣基於 Diffusion 模型應用。之後一個名叫 Midjourney 的研究實驗室研發出同名模型，並且在 2022 年 11 月發布了 v4 版本，該模型在商業文字轉圖片方面展現出令人震撼的可用性，同樣利用了 Diffusion 模型技術。

 ## 什麼是 Diffusion ？

事實上，在 Diffusion 模型出現之前，以 GAN（生成對抗網路）模型為基礎的圖像生成模型還是研究的主流，但是 GAN 存在一些已知的缺陷。它可能不能學習完整的機率分布，比如用各種動物的圖像訓練 GAN，它可能僅能生成狗的圖像；另外，還存在訓練困難等阻礙其廣泛使用的一些技術問題。

而 Diffusion 模型利用最新的訓練技術，跨越了 GAN 模型調整優化的階段，可以直接用來做特定領域的任務，能實現令人震驚的生成效果，這也使得 Diffusion 模型領域的研究呈現出百花齊放的狀態。

Diffusion 在中文被譯為「擴散」，擴散是一種物理學現象，指的是一種基於分子熱運動的輸送現象，是分子透過

布朗運動從高濃度區域向低濃度區域轉移的過程，是一種趨向於熱平衡態的過程，也是熵驅動的過程，一滴墨水擴散到盛滿水的容器中，就是一個常見的例子。

在擴散過程中，嘗試計算容器某個小體積內墨水分子的分布情況，是非常困難的，因為這種分布很複雜，也很難取樣。但是，墨水最終會完全擴散到水中，這時候就可以直接用數學運算式來描述這種均勻且簡單的分子機率分布。統計熱力學可以描述擴散過程中每個時刻的機率分布，而且每個時刻都是可逆的，只要間距夠小，就可以從簡單分布重新回到複雜分布。

Diffusion 模型亦即擴散模型，最早是 2015 年在《基於非平衡熱力學的深度無監督學習》（Deep Unsupervised Learning using Nonequilibrium Thermodynamics）論文中提出的，作者受統計熱力學的啟發，開發了一種新的生成模型。想法其實很簡單：首先向訓練資料庫中的圖像不斷加入雜訊，使之最終變成一張模糊的圖像，這個過程就類似於在水中加入一滴墨水，墨水擴散，水變成淡藍色，然後教模型學習如何逆轉這個過程，將雜訊轉化為圖像。下面我們詳細

介紹一下這個過程是如何進行的。

　　如圖 2-14，擴散模型的演算法分為 2 個過程：正向擴散過程和逆向擴散過程。正向擴散過程可以描述為逐漸將高斯雜訊應用於圖像，直到圖像變得完全無法辨識。正如圖 2-14，透過正向擴散過程，圖中的風景變得模糊起來，直到最後一整張圖變成馬賽克。

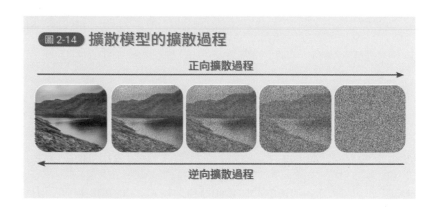

圖 2-14 擴散模型的擴散過程

　　這個過程看上去充滿隨機性，但實際上是存在特定意義的，整個過程可以形容為正向擴散過程的馬可夫鏈（Markov Chain）——描述從一個狀態到另一個狀態的轉換的隨機過程。而這個隨機過程中的每一個狀態機率分布，只能由其前

一個狀態決定，與其他狀態無關。在圖 2-14 中，我們可以把整個正向擴散過程的每一張圖片定義為一個狀態，每一張圖片是什麼樣子只跟它的上一張圖片有關，並且遵循一定的機率分布，由此，我們首先了解到什麼是正向過程。

那如何應用這個過程將馬賽克圖像恢復到原始圖像？其中的問題在於，從正向過程推導出明確的逆向過程，是非常困難的。

這一點根據實際情況也可以想像得到，一張多次加入隨機雜訊、非常模糊的圖像，幾乎不可能完全恢復成原始圖像。於是擴散模型採用的是一種近似的方式──透過神經網路學習的方式近似計算逆向擴散過程的機率分布。應用這種方法之後，即便是一張多次加入雜訊後變得完全模糊的圖像，也能被恢復成一張接近原始模樣的圖像，而且隨著模型的迭代學習，最終生成的結果也將更符合要求。

透過正向擴散和逆向擴散 2 個過程，擴散模型就能實現以一張原始圖像為基礎，生成一張全新的圖像，這大大降低了模型訓練過程中資料處理的難度，相當於用一個新的數學函數，從另一個角度定義「生成」過程。和 GAN 模型相比，

擴散模型只需要訓練「生成器」，訓練目標函數相對簡單，而且不需要訓練別的網路，提升了使用的便利性。

　　擴散模型在提出之初並沒有受到很大的關注，一方面是因為當時 GAN 模型大行其道，研究人員的研究重心依然圍繞在 GAN 的優化，另一方面是因為最初擴散模型生成的結果不是很理想，而且由於擴散過程是一個馬可夫鏈，其缺點就是需要比較多的擴散步驟才可以獲得比較好的效果，這導致了樣本生成很慢。正如前述論文作者回憶時所稱，「當時，這個模型並不令人驚喜」。

　　殊不知，更現代化的圖像生成技術已悄悄萌芽，這個新的生成模型展現出了令人意想不到的生命力，真正地登上了歷史舞台，生成式圖像應用也進入了「文本到圖像」的時代。

文本到圖像

　　2020 年，OpenAI 團隊發布了 GPT-3 模型，正如我們之前介紹的，GPT-3 是基於 Transformer 的跨模態通用語言模型，能夠完成機器翻譯、文本生成、語義分析等多種自然語言處理任務，也被認為是當時最強大的文本模型。隨後不

久，2021 年 1 月，OpenAI 團隊發布了一款新的圖像生成模型—— DALL·E 模型，該模型能夠根據文本生成效果驚豔的圖像，可以看作 Transformer 功能向電腦視覺領域的擴展，其參數量達到了 120 億，被稱為「圖像版 GPT-3」。

怎麼理解「由文本生成圖像」呢？其實很簡單，在 DALL·E 官網上，我們能夠找到一些例子。例如輸入提示詞「酪梨形狀的椅子」，DALL·E 便會按要求生成一批圖像（圖 2-15），這些圖像中都有一個椅子，其形狀和顏色都和酪梨相近。

圖 2-15 酪梨形狀的椅子範例

圖片來源：https://openai.com/research/dall-e

再例如輸入提示詞「一個寫著 openai 字樣的店面」，DALL·E 生成的圖像基本上也符合要求，圖像中各個店鋪門

口都有 openai 字樣的標誌（圖 2-16）。

圖 2-16 寫著 openai 字樣的店面範例

圖片來源：https://openai.com/research/dall-e

　　DALL·E 圖像生成模型一方面能夠理解提示詞的要求，另一方面能夠按要求繪製出足夠準確的圖像。相比之前的由圖像生成圖像的方式，這種直接由文本到圖像的生成方式看上去更加智慧，顯然也更符合人們的使用習慣，因此一出現就受到世人的追捧。

　　這種由文本生成圖像的方式，也成為後來圖像生成類模型所採用的典型模式，DALL·E 後續的升級版本 DALL·E 2，以及 Stable Diffusion、Midjourney 等模型都屬於這種類型。接下來我們以 Stable Diffusion 為例，細說「字」是怎麼變成「畫」的。

Stable Diffusion

Stable Diffusion 是由 Stability AI 主導開發的文本生成圖像模型，其互動簡單，生成速度快，大幅降低使用門檻的同時，還保持了令人驚訝的生成效果，因此掀起了另一股 AI 繪圖的創作熱潮。

從圖 2-17 可以看到，Stable Diffusion 結構可以分為 2 個部分，即文本編碼器和圖像生成器。Stable Diffusion 的工作原理就是透過文本編碼器將語義轉化為電腦可以處理的語言，也就是將文本編碼成電腦能理解的數學符號，之後將這些編碼後的結果透過圖像生成器轉換為符合語義要求的圖像。

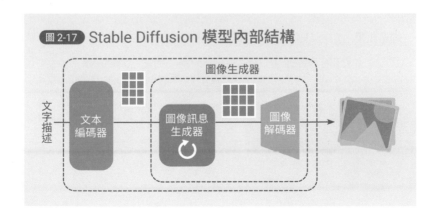

圖 2-17 Stable Diffusion 模型內部結構

首先來看文本編碼器部分，電腦本身無法理解人類語言，需要使用一種文本編碼的技術，即 CLIP 模型。CLIP 模型是由 OpenAI 開發的深度學習領域的一個跨模態模型。CLIP 全名稱為 contrastive language-image pre-training，即基於對比學習的大規模圖文預訓練模型。CLIP 模型不僅有著語義理解的功能，還有將文本資訊和圖像資訊結合，並透過注意力機制進行耦合的功能。CLIP 模型在 Stable Diffusion 是怎麼被訓練並在文、圖轉換中發揮作用的呢？

要訓練一個能夠處理人類語言並將其轉化成電腦視覺語言的 CLIP 模型，必須先有一個結合人類語言和電腦視覺的資料庫。實際上，CLIP 模型就是從網上蒐集到的 4 億張圖

圖 2-18 CLIP 訓練圖片及相關描述範例

圖片

文字描述　夏季時光中風景秀麗的山湖景　　飛行的烏鴉　　在阿爾卑斯山白朗峰滑翔

片和它們對應的文字描述基礎上訓練出來的。圖 2-18 中展示了一些資料範例，每張圖片都有對應的文字描述。

　　CLIP 模型由一個圖像編碼器和一個文本編碼器構成，CLIP 模型的訓練過程如圖 2-19 所示。首先從累積的資料庫中隨機抽取出一張圖片和一段文字，在這裡，文字和圖片不一定是匹配的。抽取出的圖片和文字會透過圖像編碼器和文本編碼器被編碼成 2 個向量。CLIP 模型的任務就是確保圖文匹配，並在此基礎上進行訓練，最終得到 2 個編碼器各白最優的參數。

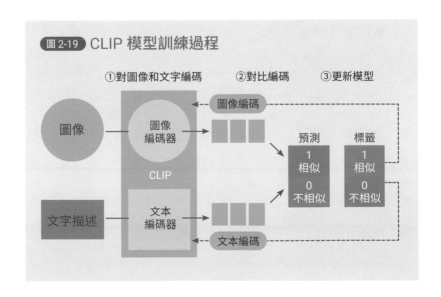

圖 2-19　CLIP 模型訓練過程

比如一張狗的圖片和「一隻狗」的文字，訓練好的 CLIP 模型就會將這 2 個內容透過圖像編碼器和文本編碼器生成相似的編碼結果，確保文字和圖片是匹配的，這兩者之間也就有了可以相互轉化的基礎。同時透過 CLIP 模型，人類語言和電腦視覺就有了統一的數學符號，這也就是文字生成圖像的秘密所在。可以說，CLIP 模型在 Stable Diffusion 的文本編碼器部分發揮了最核心的作用。

說完 Stable Diffusion 的文本編碼器部分，我們再來看圖像生成器部分。這部分由 2 個階段構成，一個是圖像資訊生成階段，一個是圖像解碼階段。

在圖像資訊生成階段，擴散模型首先利用亂數產生函數生成一個隨機雜訊，之後與文本編碼器利用 CLIP 模型生成的編碼資訊結合，生成一個包含雜訊的語義編碼資訊。然後這個語義編碼資訊又生成較低維度的圖像資訊，也就是所謂的隱空間資訊（information of latent space），代表著這個圖像存在著隱變數。這也是 Stable Diffusion 較之前擴散模型在處理速度和資源利用上更勝一籌的原因。

一般的擴散模型在這個階段都是直接生成圖像，所以生

成的資訊更多，處理難度也更大。但是 Stable Diffusion 先生成隱變數，所以需要處理的資訊更少，負荷也更小。

　　從技術上來說，Stable Diffusion 是怎麼做到的呢？其實是由一個深度學習分割網路（Unet）和一個調度演算法共同完成的。調度演算法控制生成的進度，Unet 就具體去一步一步地執行生成的過程。在這個過程中，整個 Unet 的生成迭代過程要重複 50 ～ 100 次，隱變數的品質也在這個迭代的過程中變得更好。

　　圖像資訊生成之後就到了圖像解碼階段。圖像解碼過程就是接過圖像資訊的隱變數，將其升維放大，還原成一張完整的圖片，圖像解碼過程也是我們真正能獲得一張圖片的最終過程。由於擴散過程是一步一步迭代去除雜訊的，每一步都向隱變數中注入語義資訊，不斷重複直到去除雜訊完成。如圖 2-20 所示，在圖像解碼過程中透過 Unet 的生成迭代，圖片一步一步地成為我們想要的樣子。

　　我們總結一下，Stable Diffusion 首先透過 CLIP 模型對輸入提示詞進行語義理解，將其轉換成與圖像編碼接近的編碼資訊，在後續模組看來，一段文字已經變成一張相似語義

的圖片了；然後在圖像生成器模組中，完成完整的擴散、去
除雜訊、圖像生成過程，生成一張符合提示詞要求的圖片。
最終，透過文本編碼器和圖像生成器的共同合作，「字」變
成「畫」、「文字變圖片」這種看似神奇的事情就發生了。

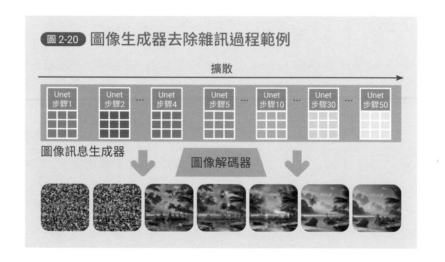

圖 2-20　圖像生成器去除雜訊過程範例

無論是 Stable Diffusion、DALL·E 2 還是 Midjourney，
透過擴散模型、CLIP 模型或其他深度學習模型組合實現的
AI 繪圖工具出現，都讓我們意識到人工智慧領域的技術發展
速度已經超出了預期。而在 AIGC 領域，AI 繪圖技術的進步
毋庸置疑地吹響了指引設計領域未來發展方向的號角。在 AI

技術的催生下，數位內容生產方式將在最大範圍內發生最大
可能的變革已經是不爭的事實。而身處其中的我們，準備好
迎接這一場未知的革命了嗎？

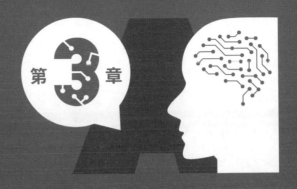

功能分析：
AIGC 能生成什麼內容？

在了解了 AIGC 的產業發展和底層邏輯後，我們就可以從應用層面去認識這類重要的模型了。

其實 AIGC 早已滲透到我們的生活，在各個你想像不到的地方，AIGC 都已經得到了應用。在本章我們會從數位媒體，也就是「生成什麼」的角度，分別探討文字、圖像、語音、影片、遊戲的 AIGC 生成。我們會見證在 AIGC 的助力下，內容是如何被製造出來並呈現在我們面前的。相信在讀完這一章後，你也會躍躍欲試地應用 AIGC 工具去生成內容，體會 AIGC 的便利之處。

3-1

生成文字：
新聞、報告、程式都可一鍵生成

在前文中，我們介紹了 AIGC 的一系列強大功能，包括生成文本、圖像、影片等等，揭開了 AIGC 的第一層面紗。而在本節中，我們將會對 AI 生成文字這項基本功能進行延伸，讓大家了解人工智慧究竟能生成哪些類別的文字，又是如何在我們的生活中被實際應用的。AIGC 生成文字的秘密是什麼？這離不開之前介紹的各項技術的支援：深度神經網路、Transformer、大規模預訓練模型等。

在這些技術基礎上建構的文本生成技術，在文字生成應用可以說是「叱吒風雲」，文本生成技術可以廣泛應用於各大領域，包括新聞生成、報告生成、程式生成等，這些應用也可以大幅提高企業的工作效率、降低人事成本，同時改善用戶體驗。下面我們就從這 3 個功能出發，揭開 AIGC 生成內容的第二層面紗。

 ## 新聞生成

其實在 ChatGPT 發布、引起大家關注之前，AIGC 就已經在新聞寫作領域有了廣泛應用，我們先來整理一下。長期以來，人類社會的新聞寫作方式是傳統型的，即從選題到發稿均由人工完成，不借助智慧工具。而眾所周知，人工完成新聞寫作的過程十分耗時耗力。

第一步，撰稿人需要進行大量的資訊蒐集工作，各種來源的資訊均不能漏掉，這些資訊包括但不限於與事件相關的官方文件、專家評論、資料、報導、調查等，僅資訊的搜索和篩選就會占用大量的時間和精力。

第二步，撰稿人需要分析資訊，將蒐集到的資訊進行

整合、分析和篩選，這一步是為了確保資訊的準確性和客觀性。在面對大量資訊時，新聞撰寫者需要對各種資訊進行比較，有時還需要進行深入的調查和研究。

第三步是撰寫新聞稿件，撰寫一篇新聞稿件要掌控多種要素，包括內容結構、語言表達，以及主題、角度、標題、引言等，新聞稿撰寫者還需要對詞彙和用語進行仔細推敲，來保證內容的準確性和易讀性。

第四步就到了編輯校對，一篇新聞稿件需要編輯人員進行多次編輯和校對，確保文章內容的完整性和準確性。這一步也十分耗費時間和精力，需要檢查和修正每個細節，包括錯別字、用詞不當、語法錯誤等問題。同時，新聞產業需要快速反應和效率，對撰寫者的要求也非常高，因此人工撰寫新聞稿件需要付出更多的努力。在此情況下，AIGC 一問世，新聞產業就驚呼快要被顛覆，有些人想要積極擁抱 AIGC 技術也就不難理解了。

現實中，在人工智慧已經可為新聞產業增加價值的當下，不少企業都紛紛試水溫，開始在新聞產業「大展拳腳」。Automated Insight 就是一家以新聞自動化生成技術而被市

場熟知的企業。

　　Automated Insight 旗下的產品 Wordsmith 早就開始在美聯社使用，它會在每季生成 3,000 篇新聞報導，而且這些 AIGC 生成的報導，出現的錯誤也少於人工撰寫的新聞稿。如今，Automated Insight 的自然語言生成技術不僅用於新聞內容的生成，還被各類企業爭相購買，用來根據相關資料生成企業內部報告。這項創舉節省了企業的大量人工成本，還能讓撰稿人、公司內部的分析師等人有時間去做更加有意義的工作。

　　對於 AIGC 帶來的便利，中國的企業也多有嘗試。早在 2015 年 9 月，騰訊財經就推出了自行研發的自動寫稿機器人 Dreamwriter。封面新聞公司則擁有自行開發的機器人「小封」，「小封」除了能快速生成新聞稿，還能和使用者進行語音互動。

　　新華社除了擁有主要報導體育和財經新聞的新聞機器人「快筆小新」，還有一款叫作「媒體大腦」的 AI 平台，在 2019 年中國全國兩會的報導中，「媒體大腦」在蒐集、分析和比對 6 年來中國政府工作報告的異同後，推出《一杯茶

的工夫讀完 6 年政府工作報告，AI 看出了啥奧妙》這篇文章。由此可見，AIGC 已然越來越廣泛地應用在新聞生成中，並產生了深遠的影響。

2020 年 12 月 24 日，《人民日報》發布了由百度提供技術支援的「創作大腦」，以此來為智慧編輯部增添助力，這也拉開了中國智慧媒體新時代的序幕。《人民日報》的這個「創作大腦」可以提供媒體機構涵蓋全媒體生態的智慧解決方案，並具備了即時新聞監測、智慧寫作、新聞轉影片、圖片智慧處理、智慧字幕製作、直播智慧拆條（指將原來完整的內容，拆分成多個不同角度的短訊）、線上影片快速編輯、資料圖表化等 18 項功能，堪稱「十八般武藝樣樣精通」的一站式智慧創作平台。

為「創作大腦」提供技術支援的是百度智能雲的「雲＋AI」技術，該技術主要來自百度大腦智慧創作平台。百度大腦智慧創作平台為創作者解決了多項問題，並深度參與新聞生產的策、採、編、審、發整個過程，能全面提升新聞產業的內容生產效率。隨著 ChatGPT 的發布，依靠其強大的文本創作能力，ChatGPT 可幫助編輯人員快速完成新聞內容

的編寫，這無疑會給新聞創作領域帶來全新的變革。

　　但「AIGC 內容生成」這個工具，也有相對晦暗的另一面。在傳統媒體階段，新聞報導需要透過記者的採訪、撰寫，以及嚴格的審核流程，這個過程雖然耗費大量的時間、精力，但也確保了新聞的真實性。而若利用人工智慧技術進行新聞生成，新聞報導會十分依賴資料庫，但資料是從網路中抓取的，難以保證其真實性，資訊的來源、相關人物、事件緣由等深層的問題人工智慧難以了解，就會出現各類假新聞。

　　面對資訊難以過濾和篩選這個問題，《人民日報》推出了中國第一個人工智慧生成內容檢測工具—— AIGC-X。AIGC-X 能夠快速分辨機器的生成文本和人工生成文本，目前它對中文文本檢測的準確率在 90% 以上。

　　未來，人與機器的邊界將會被進一步打破，「人機協作」這種新聞生產方式將占據新聞生產的主導地位，新聞機器人和新聞從業者需要明確各自的分工，人工智慧將會負責那些簡單而又具有重複性的工作，專業的新聞從業人員則會負責那些需要深度思考和進行價值判斷的工作。

　　人機協作的形式主要有兩種：一種是人類根據工作中的

需求來設計程式，安排人工智慧去完成各類具有危險性或者簡單重複性的新聞報導，比如報導自然災害、體育新聞等；另一種是讓人工智慧去協助人類，讓其應用大數據等技術方法進行大量的資料蒐集，首先挖掘事件的深層內涵，再去進行報導，如此也能給讀者帶來更有價值的新聞。

報告生成

　　除了新聞內容生成，人工智慧在報告生成中也是一個好幫手，我們就以非常具有代表性的投資研究報告為例來說明。

　　相關從業者應該了解，以傳統方式撰寫投資研究報告十分費時費力。第一，需要有處理大量資料和資訊的時間、精力。撰寫投資研究報告需要事先蒐集大量的資料和資訊，這個過程就會花費不少時間和精力，需要富有經驗的分析師對資料進行手動處理，從中挖掘出有用的內容資訊，因此非常耗時費力。

　　第二，需要注意語言表達的複雜性。投資研究報告的撰寫會用到很多專業術語，非專業人士通常很難做到這一點。

專業的分析師也需要以多種不同的方式去闡釋資料和結論，以確保報告更加容易理解。第三，注意報告內容的複雜和多樣性。在撰寫投資研究報告時，必須首先考慮多種因素，比如宏觀經濟狀況、公司基本面、市場趨勢、競爭對手等。對所有這些因素，都需要有詳細的分析闡述。

第四，需要注意報告撰寫的標準化。投資研究報告有固定的撰寫標準和規範，相關人員需要投入很多時間和精力確保報告的準確性，如文獻引用、圖表設計、文件格式等。

在金融領域，工作人員每天都會接觸大量投資研究報告的分析，分析內容包括行業、產業、宏觀情況等等。這些報告通常需要金融分析師等專業人員負責撰寫，需要分析師對資數據和資訊有全面的蒐集及分析能力。這些報告往往專業知識多、涉及的知識面廣，怎麼使用人工智慧來自動生成報告並提升工作效率，同樣是傳統金融機構極力探索的方向之一。

鑒於這種情況，倚賴 AIGC 的智慧投資研究就派上了用場。智慧投研是人工智慧在投資研究領域的一項重要應用，利用人工智慧來自動完成對大量金融資訊的蒐集、擷取、歸

納、濃縮、分析和預測，更加快速方便地為投資研究人員提供資訊，支援他們進行決策，而非直接給出決策結論。使用人工智慧相關技術，能夠幫分析師更快速地撰寫投資研究報告，在提高分析師工作效率的同時，還能保證報告的內容準確和體例一致。

與人工投資研究相比，智慧投資研究的最大優點就是高效率。在人工投資研究中，分析師需要花費大量的時間在金融資料庫或者資訊平台上蒐集資料，還需要運用自己的專業邏輯將這些資料組織成投資決策，再將結果以不同方式呈現，實際效率並不高。

而智慧投資研究會利用人工智慧模型迅速蒐集、讀取大量的資訊，自動化地完成多面向綜合計算和分析，發現事件之間的關係，進而做出一定程度的預測，並且按照預先設定的範本生成研究報告，完成從資訊蒐集到研究內容呈現的工作，提升了效率。而且，在智慧投研中應用人工智慧模型可以避免分析師的主觀因素影響，使得投資研究內容更加客觀，這在一定程度上也提高了投資研究報告完成的效率。

智搜 Giiso 就是一個很好的應用案例，它在自然語言

處理領域有深厚的技術基礎，能夠進行大規模的文本資料分析和處理。目前智搜的寫作機器人在金融領域的主要應用為財經快報，其寫作原理是以預定義財經範本為基礎，對範本進行關鍵資料填充，能夠實現「點擊一鍵生成財經報告」。

　　目前，它的寫作範本包括國內外宏觀經濟與大盤分析、上市公司研究報告、個股綜合評論、產業研究報告等，寫作資料來自中國金融資料供應商供給的即時資料。寫作機器人撰寫上萬字的財經報告只需幾秒鐘，跟人類相比效率有了大幅的提升，而且能做到資料詳實、圖文並茂、可讀性強。智搜財經寫作已在太平洋保險集團得到實際應用，其打造的智慧投資研究系統能在集團內協助自動完成各類財經數據報告的撰寫。

 ## 程式生成

　　2022 年 11 月 3 日，Twitter 員工經歷了一波大裁員，幾乎波及了所有部門，導致了大約 50% 的員工失業，在安全審查團隊中，15% 的員工離開了公司。雖然我們難

以獲知這輪裁員的所有決策因素，但有一點可以肯定，與 AIGC 在工作領域越來越廣泛的應用有一定的關係。在 AIGC 程式能自動生成的時代，我們是否還需要這麼多工程師呢？

我們把目光放在當前 AIGC 在程式生成中的應用上。作為全球最大的程式託管平台，GitHub 在 2021 年 6 月聯合 OpenAI，推出了 GitHub Copilot 測試版。這款應用程式能夠從已經命名或者正在編輯的程式出發，根據上下文為開發者提出程式上的建議，被親切地稱為「你的 AI 結對工程師」（Pair Programmer）。

GitHub Copilot 使用的是 OpenAI 的 Codex 模型，這個模型能夠把自然語言轉換成程式。在使用這個模型後，GitHub Copilot 就能從注釋和程式裡截取上下文，進而提示工程師接下來應該編寫的程式是什麼。Codex 其實是 GPT-3 的一個版本，這個版本的模型專門針對程式設計任務進行了微調。根據 GitHub 官方的介紹，Copilot 已經經過了數十億行程式的訓練，而且 GitHub Copilot 不但可以理解英語，還能理解其他的語言，這個功能對於母語非英語的工程師可以

說是非常有幫助的。

GitHub Copilot 還能夠把注釋轉換為程式，開發人員只需要寫出一段內容描述自己想要的程式，它就能自動「理解」並給出相應的程式，甚至能完成自動聯想和糾錯。另外，它在編寫單元測試案例方面也很擅長。

經過幾個月的短暫測試後，GitHub 還全新升級了個人版和企業版 Copilot。升級後，GitHub Copilot 具備了更強大的程式生成功能，回應速度也更快了。從官方數據中我們得知，在眾多使用 GitHub Copilot 的開發人員中，有 90% 的人表示能更迅速地完成任務，73% 的人表示能夠節省大量精力，還有 75% 的人表示使用 Copilot 時感覺非常有成就感，能夠更加專注於工作。

如圖 3-1，只要編寫簡單的提示詞，Copilot 就能直接聯想出整個函數的實作。儘管如此，如果我們認為 AIGC 當下已經能夠完全取代工程師，就失之偏頗了。正如它的名字一般，Copilot 目前還只是一種輔助工具，並不能完全取代工程師，但隨著時間的推移，AIGC 取代工程師也並非天方夜譚。

圖 3-1 GitHub Copilot 程式生成範例

```python
test_code.py
1   def binary_search(sorted_list, val):
2       """
3       二分查找
4       :param sorted_list:
5       :param val:
6       :return:
7       """
8       low = 0
        high = len(sorted_list) - 1
        while low <= high:
            mid = (low + high) // 2
            if sorted_list[mid] == val:
                return mid
            elif sorted_list[mid] > val:
                high = mid - 1
            else:
                low = mid + 1
        return -1
```

　　AIGC 程式生成在國外掀起熱潮，中國的各大企業也並未落後。矽心科技（aiXcoder）在 2022 年 6 月推出了中國第一個基於深度學習的支援方法級程式碼自動生成的智慧程式設計模型—— aiXcoder XL。這款模型可以在同一時間理解人類語言和程式設計語言，還能利用自然語言功能的描述，一鍵產出完整的程式碼。如今利用簡單的 API 和工具，開發人員就可以輕鬆體驗 aiXcoder XL 程式生成模型的方便之處。

　　技術的進步始終依靠著人類，人也始終是技術的核心。

未來，人工智慧技術在各個領域的應用必然是正向發展的。
我們相信人工智慧技術會更好地應用在各行各業，把勞動者
從簡單重複的工作中解放出來，高效率的人機合作將進一步
促進各個產業的整合和重塑，我們會進入一個嶄新的智慧化
時代。

3-2

描繪圖像：
解析度、清晰度、真實性與藝術性

看完了 AIGC 與文字「相依相伴」的精彩故事，你應該對 AIGC 與其他內容形式結合的表現也產生好奇了吧？最近風靡各大社群平台的「AI 繪圖」就是 AIGC 與圖像結合的內容產出形式，使用者們也都積極嘗試 AI 繪圖，利用它去實現自己天馬行空的想法，碰撞出更多的靈感和火花。

2022 年 8 月，美國科羅拉多州舉辦了一場新興數位藝

術家競賽，眾多專業作家都提交了自己的作品，而其中有一幅格外引人注目，這就是傑森·艾倫提交的一幅 AIGC 繪畫作品，名為《太空歌劇院》（圖 3-2）。這幅畫還脫穎而出，獲得了比賽「數位藝術 / 數位修飾照片」這一組別的一等獎。沒有繪畫基礎的參賽者卻得了獎，一時引發了多方熱議。正是這次 AIGC 繪畫作品獲獎，才使得 AI 繪圖走入人們的視野，開始真正火熱起來。

在 AI 繪圖快速發展的過程中，有幾個比較關鍵的代表性應用程式，你或許也對它們中的一些印象深刻。

圖 3-2　《太空歌劇院》

圖片來源：https://m2now.com/ai killed-art

Midjourney 是目前最好用的 AI 圖像生成應用程式之一，圖像生成速度快，功能也十分全面。許多藝術家在尋找靈感時，都會使用 Midjourney 生成圖像，上述提到的獲獎作品《太空歌劇院》就由 Midjourney 生成。

DALL·E 2 則由 OpenAI 推出，與前一代 DALL·E 相比，DALL·E 2 生成圖像的解析度更高、延遲狀況更低。而 Stable Diffusion 一經推出就由於其強大的圖像生成功能受到廣大網友的喜愛，它操作簡單，生成速度快。每一次使用這些應用程式生成圖像就如開盲盒，充滿驚喜，這也使得很多用戶把它們當作「遊戲工具」瘋狂玩耍，甚至很多 AI 產業的專業人士和資深人士都沉迷於 AI 圖像生成，玩得不亦樂乎。

 ## 圖像生成的突破

如今市場上不少 AI 繪圖工具都具備「文本到圖像」模型，也就是說它能根據使用者輸入的自然語言描述內容，生成與該描述相匹配的圖像。這種模型一般是將語言模型和圖像生成模型相結合，語言模型用於把輸入文本轉換為潛在的內容表徵，而圖像生成模型會將其作為條件去生成圖像。當

下效果最好的「文本到圖像」模型進行訓練時所採用的大量
圖像和文本資料，往往都是從網路上抓取的。

　　「文本到圖像」模型是從 2015 年開始，才得到業界的
廣泛重視。它主要倚賴的是深度神經網路技術的飛速進步，
Google 大腦的 Imagen、OpenAI 的 DALL·E 等，都可以生成
與真實照片十分相似的繪畫作品。而由 Stability AI 推出的
應用程式 Stable Diffusion，則可以稱為 AI 繪圖領域的一匹
黑馬了。

　　在前文中我們曾提到，Diffusion 模型是當下新一代圖
像生成的主流模型，這個模型的工作原理是透過連續添加高
斯雜訊來破壞訓練資料，然後對這個雜訊過程進行反轉，以
此來恢復資料。經過訓練後，模型能夠從隨機輸入中合成新
的資料，完成演算法創新。

　　以 Stable Diffusion 為例，使用者在使用其圖像生成功
能時，有不同的選項可以進行設置，比如可以設置生成圖
像步驟的數量，還能設置亂數種子，或者單次生成的圖像
數量（1 ～ 10 之間）。用戶在使用 Stable Diffusion 時還
可以創造各種格式的圖像，其圖像的橫向解析度最大可達

到 1,365×768，直向解析度最大可達到 768×1,365。來自
這項應用程式的圖像也可以被用於任何用途，包括商業目的
（圖 3-3）。

圖 3-3 由 Stable Diffusion 生成的圖像

　　2022 年底上線的 Stable Diffusion 2.0 具有更強大的能
力。這次的 Stable Diffusion 2.0 版本具有強大的「文本到
圖像」模型。這個模型由一種全新的文本編碼器 OpenCLIP

訓練，與之前的 1.0 版本相比，2.0 版本在生成圖像的品質上有了顯著突破，清晰度也有很大提升。

　　DALL·E 2 是由 OpenAI 推出的 AI 繪圖產品，利用 DALL·E 2，使用者能夠使用「文本到圖像」和「文本引導的圖像到圖像」生成演算法實現圖像生成功能。如果想使用「文本引導的圖像到圖像」生成演算法，使用者可以先上傳圖像，DALL·E 2 會把使用者所上傳的圖像作為初始圖，並根據使用者的提示來作圖。

　　更方便的是，它還有「編輯生成的圖像」功能，透過使用「文本引導的圖像到圖像」生成演算法，使用者能夠在已生成圖像的基礎上生成另一個圖像，來對原生成圖像進行延伸，或者補全部分被遮擋的圖像。DALL·E 2 生成圖像的解析度都是 1,024×1,024 的固定大小，也可以用於任何合法目的，包括商業目的（圖 3-4）。

　　Midjourney 則是由 Midjourney 研究實驗室開發，它的「文本提示作圖」功能用起來也非常簡單，在應用程式中提交提示文本，使用者就能得到對應的圖像，還能夠創建出圖像的其他變化，或者把圖像的解析度調到更高。

圖3-4 由 DALL·E 2 生成的圖像

　　使用者也可以輸入一個或多個圖像的初始 URL（統一資源定位器，通稱網址），配上提示文本來引導它作圖。Midjourney 支援創造各種格式的圖像，圖像解析度更大些，在某些版本上能達到 2,048×2,048，它還允許付費會員把生成的圖像用於商業目的（圖 3-5）。

　　AI 繪圖產品不只在國外發展得如火如荼，在中國更是呈現出爆發式的發展態勢。僅 2022 年下半年，就有文心一格、

圖3-5 由 Midjourney 生成的圖像

　　無界版圖、6pen、Tiamat、盜夢師等產品上線。無論是微博還是小紅書，主流社群平台上都能看到 AI 繪圖的身影，技術研究者、內容創作者、投資人等層層造勢，使得 AI 繪圖在各領域裡都形成了聲勢。

　　中國比較紅的 AI 繪圖小程式「造夢日記」，在 Stable

Diffusion 的技術基礎上進行了改進。研發團隊對 Stable Diffusion 的模型進行了在地化改造，並利用自己寫的 "follow in struction"（按照提示詞）方式針對模型進行訓練，還加入了大量在地化資料。「造夢日記」僅上線一週，便取得了日增 5 萬新用戶的佳績。

AI 繪圖的「活動範圍」不止停留在平面上，3D 繪圖也能輕鬆駕馭。雖然還處於初期階段，目前市場上已經有一些開發者開始利用人工智慧實現 3D 內容的生成。如 Omniverse Audio2Face、NVIDIA GANverse3D、NeRF 等工具，都能利用 AIGC 技術，實現自動化的圖像內容生成。GANverse3D 可以把平面影像處理為逼真的 3D 模型。

為了生成訓練資料庫，可以從多種不同角度描繪同一個物體，就像攝影師繞著一個房子轉圈拍攝一樣，這些多角度的圖像會被插入逆向圖形的渲染框架。逆向圖形就是從 2D 圖像推斷出 3D 網格模型的過程，當完成多視角圖像訓練後，僅僅需要一個 2D 圖像，GANverse3D 就能生成 3D 網格模型並進行影像渲染。

生成藝術風格圖像

　　除了生成富有真實感的圖片，AI 繪圖還可以進行風格圖片的創作，如 AI 繪圖界的「霸主」Stable Diffusion 就擁有龐大的藝術風格庫。在這個風格庫裡，賽博龐克風、水墨風、日漫風等應有盡有，油畫、素描、水彩等畫作形式也能盡情選擇。下面我們透過案例來看看它強大的圖像生成功能。

　　打開這款軟體，你可以設想自己要在畫面中呈現的風格、情緒、物品、元素等，添加文字即可生成自己想要的圖片。提示詞的種類非常多，如海浪、山、神廟、森林、秋天、雨滴、霧氣、苔蘚、城堡、花田等代表詩意和矇矓美的詞語，歡樂、抑鬱、霓虹、賽博龐克、蒸汽龐克等描述情緒或氛圍的詞語，還有超現實、魔幻、水墨、素描、油畫等描述不同畫風的詞語。你也可以選擇自己想要的藝術家風格，如畢卡索、達文西、梵谷、莫內、宮崎駿等。

　　我們先來看看 Stable Diffusion 生成的肖像畫。Stable Diffusion 可以遊刃有餘地進行肖像畫生成，不管是動漫、水彩等手繪而抽象的風格，還是側視、四分之三或正面等各種角度，抑或是像照片一般的高擬真圖片，Stable Diffusion

都可以以極快的速度生成。Stable Diffusion 可以生成名人照片，比如在程式中輸入科學家愛因斯坦的名字，Stable Diffusion 就可以準確生成相應的照片（圖 3-6）。

　　富有中國藝術特色的水墨畫，Stable Diffusion 也能生成，其生成的水墨畫風格的老虎惟妙惟肖（圖 3-7）。

　　它甚至可以繪製一幅非洲大草原的自然風光，透過加入一些提示詞，讓原本頗有氣勢的象群景象，顯得格外寧靜（圖 3-8）。

　　模仿不同繪畫大師的風格也不在話下。我們讓 Stable

圖 3-6 由 Stable Diffusion 生成的愛因斯坦照片

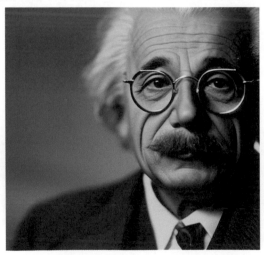

圖 3-7 由 Stable Diffusion 生成的水墨畫

圖 3-8 由 Stable Diffusion 生成的非洲大草原自然風光

Diffusion 分別模仿畢卡索和梵谷為一位老奶奶畫一幅肖像畫，兩位大師的繪畫風格迥異，Stable Diffusion 生成的圖像與各自的畫風驚人地一致，圖 3-9 中，左圖為以畢卡索風格「所作」，右圖則為以梵古風格「所作」。

　　你甚至可以隨意指定藝術風格，讓 Stable Diffusion 根據你想要的風格進行繪製，例如生成文藝復興時期的水彩畫——水都威尼斯（圖 3-10）。

　　你還能想像一下未來的生活環境，例如讓原本一片荒蕪的火星上長滿綠色植物，而我們也能在其上安居樂業（圖 3-11）。

圖 3-9 由 Stable Diffusion 生成的不同風格肖像畫

圖 3-10　由 Stable Diffusion 生成的文藝復興時期水彩畫

圖 3-11　由 Stable Diffusion 生成的火星生活環境

其他頂尖平台

如今的 AI 繪圖領域，已然呈現出「巔峰對決」的競爭局面，各大平台都使出渾身解數搶奪消費者。在這場沒有硝煙的戰役中，誰又能笑到最後呢？讓我們來看看那些與龍頭進行市場競爭的其他平台，以此來全面地了解 AI 繪圖的產業布局和發展態勢。

我們先來說說國外的幾個 AI 繪圖程式。Fotor 是一個線上圖片編輯網站，在全世界已經有上百萬的「粉絲」，雖說它的「主業」是線上圖片編輯，但是它也支援 AI 圖像生成。這款應用程式的使用方式也非常簡單，使用者只需要輸入文字提示，然後去查看 Fotor 的輸出內容即可，使用者每天能獲得 10 次免費生成圖像的機會。使用者可以利用它體驗從文本到圖像、從圖像到圖像、快速圖像生成等等不同的轉換模式。Fotor 支援 3D 繪畫、動漫角色繪畫、逼真圖像生成等等，功能很是強大。

NightCafe 也是市面上受歡迎程度很高的 AI 圖像生成軟體之一，使用者每天有 5 次免費生成圖像的機會。它的使用也非常方便，除了能快速生成圖像，還支援多種藝術風格，

且圖像解析度很高。它還有比其他生成器更多的演算法和選項，具備 2 種轉換模型：文本到圖像和樣式轉換。樣式轉換就是使用者把圖像上傳到 NightCafe，它就能夠把這張圖像變成名畫風格。NightCafe 的運作基於信用制度，使用者手裡擁有的積分越多，可以生成的圖像就越多。

　　Dream（夢境生成器）是由加拿大的一家 AI 創業公司 WOMBO 創建的，這款軟體被許多人認為是最好用的全方位 AI 圖像生成軟體。Dream 的使用過程與 NightCafe 很像，在裡面輸入一句話，選定一種藝術風格，就能生成圖像。它有一個極大的優勢，即使用者可以上傳圖像作為參考，由此生成更符合使用者想法的圖像。它的風格庫裡也有多種藝術風格供用戶選擇，能夠免費進行不限數量的圖像生成。

　　Craiyon 也是一款便捷的圖像生成軟體。它原本命名為 DALL·E mini，是由 Google 和 Hugging Face 共同推出的。使用者同樣只需要輸入文字說明，它就會根據輸入的文字生成圖像。Craiyon 無須註冊，生成圖像的速度也很快，使用方便。

　　還有一款產品叫 Deep Dream，它的特別之處在於附帶

了創建視覺內容的人工智慧工具。Deep Dream 能夠以文本提示為基礎，生成逼真的圖像，還能使基礎的圖像和個性化的繪畫風格相融合。利用它經過大量圖像訓練的深度神經網路，使用者也能在基礎圖像上生成新圖像。

在國外的 AI 繪圖軟體百花齊放的同時，中國的相關產業也在快速發展，文心一格就是一個例子。文心一格在中文、中國文化理解和生成上展現了獨特的優勢，其背後的文心大模型在資料獲取、輸入理解等多個層面的深入研究，形成了具備更強中文能力的技術優勢，對中文用戶的語義理解更加到位，也更適合中文環境下的應用。

另一款 AI 繪圖應用程式天工巧繪（SkyPaint）是崑崙萬維公司旗下模型，這家公司是目前中國在 AIGC 領域發展最為全面的公司之一，同時也是中國第一個全面發展 AIGC 開源社群的公司。其旗下的產品包括文本、圖像、音樂、程式設計等多種形式的內容生成工具。天工巧繪可以生成具有現代藝術風格的高解析度圖像，還支援 Stable Diffusion 模型以及相關微調模型的英文提示詞，也就是說，Stable Diffusion 適用的提示詞在這裡也可以使用。

　　皮卡智慧推出的「神采 PromeAI」也擁有豐富的風格庫，它可以直接把塗鴉和照片轉換成插畫，還能自動辨識出人物姿勢，生成插畫；它能把草稿轉化成顏色豐富的彩繪稿，並能提供超多種類的配色方案；它能自動辨識圖像景深資訊，生成相同景深的圖像；它甚至可以辨識建築和室內圖像的線條並由此生成新的設計方案。

　　在本節中，我們從 AI 繪圖這項技術延展開來，介紹了當下 AI 生成圖像最新的突破，以及最熱門的應用程式。可能很多人還未能玩過 AI 繪圖，甚至都沒有聽說過。但悄悄地，這項技術又有了新突破──「AI 讀腦術」誕生了！在最近的一項研究中，研究人員聲稱只需用功能性磁振造影技術，掃描大腦中的特定部位獲取信號，AI 就能重建我們眼裡看到的圖像。

　　雖然目前 AI 僅僅複製了「眼睛」所觀察到的東西，但會不會有那麼一天，AI 可以根據人大腦中的思維、記憶構建出圖像或文字？當那一天真的到來的時候，人類豈不是就變成「三體人」了？無論怎樣，潘朵拉的盒子是否已經打開，需要思考的永遠不是技術，而是在背後操縱它的人。作為人

類，與 AI 同行的時刻，我們也將會面臨無數拷問。

註：中國小說家劉慈欣創作的科幻小說《三體》，書中描述三體人的記憶和意識能部分傳遞給
　　下一代，以便在惡劣的生存環境下進化出高級的科技文明。

語音製作：
精準還原、即時合成

在「入侵」了文本、圖片等內容領域後，人工智慧在語音生成領域也大展拳腳，為我們的生活帶來了很多便利。

與文本和圖片不同的是，語音是一段隨著時間變化的聲音序列，每個細節都非常生動。下面我們從音樂生成、語音複製、跨模態生成 3 個方面，看看 AIGC 在語音領域與人類協同工作的過程。

音樂生成

在我們傳統的認知中，音樂是很受人歡迎的藝術形態，也均由人創作，一段樂曲中會蘊含創作者的主觀情感，很難想像機器可以參與到音樂的創作過程中，但是 AIGC 讓不可能變成了可能！一款名為 MuseNet 的模型就可以輕鬆地進行音樂生成（圖 3-12）。MuseNet 由 OpenAI 發布，屬於 AI 音樂創作的深度神經網路。它十分「全能」，可以模仿 10 種不同樂器，還涉獵多種風格，如鄉村音樂、古典音樂、搖滾樂等，使用者可以基於自己想要的風格，生成約 4 分鐘的音樂作品。

圖 3-12 MuseNet 音樂生成神經網路的介面

　　MuseNet 並不是基於人類已有的音樂創作方法對音樂進行程式設計，而是在學習了現有音樂的和聲、節奏和風格，有了一定了解後才開始創作。MuseNet 背後的工作人員會從各種管道蒐集訓練資料，如 MAESTRO 資料庫、BitMidi 音樂網站等，還會從其他管道蒐集爵士樂、流行音樂等風格的音樂。在訓練 MuseNet 的過程中，工作人員共利用了數十萬個音樂檔。

　　MuseNet 在了解不同的音樂風格後，就可以混合生成新的音樂了。如果你向機器提供了蕭邦夜曲的前幾個音符，給 MuseNet 提出的需求是想要它生成一段流行樂，而且要有鋼琴、吉他、長笛等樂器的樂音，機器就會根據你的需求，生成你想要的音樂。

　　OpenAI 也很能「搞事」，在 Twitch 上舉辦了一場 MuseNet 實驗音樂會，還推出 MuseNet 針對應用端的版本 —— MuseNet 共同作曲家（MuseNet-powered cocomposer），這樣一般人也能用它來創作自己想要的音樂了。MuseNet 共同作曲家有 2 種模式：簡單模式和高級模式。

在簡單模式下，使用者首先會聽到現有的隨機樣本，在選擇某個作曲家或某種音樂風格後，就可以生成自己想要的音樂了；在高級模式下，使用者有更多的選擇，可以隨意選擇樂器等，生成更具個性化的音樂作品。但這個版本的 MuseNet 還有一定的局限性，由於它是透過計算可能的音符和樂器的機率來進行作曲的，所以會生成不太和諧的內容，比如把蕭邦風格配上低音鼓，音樂聽起來有割裂感。

在樂壇，AI 儼然成了人氣越來越旺的「新星」，除了 MuseNet，其他應用程式也大放異彩，許多歌手和 AI 聯手推出歌曲。美國歌手塔瑞安‧紹森（Taryn Southern）就曾和 AI 共同推出世界首張 AI 作曲專輯 I AM AI（《我是人工智慧》）。Sony 推出的 Flow Machines 與 47 歲的法國作曲家伯努瓦‧卡雷（Benoit Carre）合作，發布了 Sony Flow Machines 的首張專輯 Hello World（《你好，世界》），這張專輯裡囊括了 15 首 AI 參與創作的歌曲，聽起來毫無違和感。

曾經在 Youtube 名噪一時的單曲 "Daddy's Car"（〈爸爸的車〉），就是由 Sony 的 AI 應用軟體推出的。Google

為了慶祝音樂家巴哈的生日，在首頁上放置了一個小遊戲，只要使用者確定好音符和節奏，它就會用巴哈的風格彈奏出使用者的作品。Google Chrome Music Lab 也推出了 Song Maker 製作器（圖 3-13），這款作曲工具主要以視覺化的方式幫人類理解音樂。

　　此外，Google 還利用 NSynth 神經網路語音合成技術，推出了神經網路語音合成器 Magenta，在瀏覽器上即可使用，使用者可以在主介面中切換音色，並透過捲軸調節音色偏好，這對於想即興創作的用戶來說非常方便。

圖 3-13 Google 的 Song Maker 製作器介面

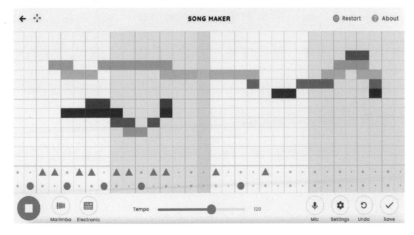

在中國，各類 AI 音樂應用程式也層出不窮。目前「虛擬歌手」App 當紅，「歌嘰歌嘰」、「ACE 虛擬歌姬」等都受到了年輕人的歡迎。這類 App 可以在使用者的音色基礎上製作 AI 歌手，很多用戶也在社群網站上產出了大量「用自己的聲音做虛擬歌手」的教學影片。這類 App 除了生成「虛擬歌手」的功能外，還有「一鍵寫歌」、「電子原創」等功能，也就是說，每個人都可以拿它創作自己的歌曲，門檻極低。

例如，使用「一鍵寫歌」功能，只需輸入關鍵字與自己的生日，就可以快速生成一段約 30 秒的「人生主打歌」，它甚至會把你的星座、星座的性格特點穿插到歌詞中。「電子原創」的功能也十分簡單，系統會提供一部分音符，只要使用者隨意選擇，就能在音符基礎上形成一段簡單的旋律，然後填詞就可以完成創作。在創作完成後，可以選擇人聲進行試聽，欣賞一下自己的作品。

另外，網易雲音樂、騰訊、阿里等平台也都推出了有 AI 作曲、作詞功能的應用程式。其實在你不知不覺的時候，「AIGC ＋音樂」已經悄悄滲透到我們的生活中了。

語音複製

其實對於 AIGC 來說，音樂合成只是很好實現的一個功能，除此之外，語音複製也很值得拿出來講一講。語音複製涉及語音合成技術，語音合成又可以稱為文本轉語音，它指的是將一段文本依照使用者的需求，轉化為相應語音的技術。語音複製是語音合成的一個技術分支，如果你想要複製出一個人的聲音，通常需要採集說話人的聲音資料，以資料去訓練一個語音合成模型。

深聲科技最近就與小米合作，在智慧音箱「小愛同學」的客製化聲音功能中融合了語音複製技術。這項功能可以讓用戶複製自己的聲音，父母、子女、伴侶的聲音，還支援音色分享。這項想像力十足的人工智慧應用程式，目前已然成為智慧終端機（如車載機器人、智慧手機、智慧家居等）的基本功能之一。

傳統語音合成需要大量的語音資料，而語音複製需要的資料更少，所以對於許多智慧終端機來說，語音複製技術的加入可以大大加快應用程式的迭代速度，但這種技術對聲學

模型的訓練有更高的要求，很容易出現發音模糊、發錯音等一系列問題。現在經過技術的迭代和發展，用戶只需要朗讀20句短文本，錄製約 90 秒的語音，就能快速複製自己的聲音，把屬於個人的情感表達、發音特點等資訊融合到 AI 合成的聲音中，甚至連口音也能被複製出來。

讀到這裡，肯定有讀者已經開始好奇語音複製的原理是什麼了。為了讓電腦能夠用任意的聲音讀出任意文字，需要提前讓它了解 2 件事：一是它要讀的是什麼，二是它要如何讀。基於此，研究人員設計的語音複製系統有這樣 2 條輸入路徑：一是我們想要電腦讀的文本，二是我們想要電腦模仿的聲音樣本。也就是說，如果我們想讓它用哪吒的聲音說出「我喜歡玩滑板」這句話，需要向系統提前輸入寫著「我喜歡玩滑板」的文本和一小段哪吒的聲音樣本，如此它就能知道哪吒的聲音應該是什麼樣的，進而用哪吒的聲音說出「我喜歡玩滑板」。

我們來看一下系統是如何運作的。當我們有了上面說的20句、大概 90 秒的語音之後，相對應的語音和文字內容透過分別編碼，會被一同用來訓練個性化的聲學模型。有了這

個聲學模型之後，對於任意一段文本資訊，會先預處理成一段字元和音素序列，再經由這個聲學模型轉換成一段具有說話人音色特點的聲譜圖。這個聲譜圖並不能直接發出聲音，最後還需要一個聲碼器來將聲譜圖轉換成聲音波形。如此，也就完成了「語音複製」過程。

　　至於語音複製的代表性應用程式，當首推 Mocking-Bird。這是一款由 GitHub 部落客推出的語音複製模型，這個模型的神奇之處在於，它可以在幾秒鐘之內複製出任意一條中文語音，還能用那條語音的音色合成新的內容。

　　如果使用者需要複製的是 10 秒以內的樣本，配合 10 個字的語音文本，模型合成的時間就會比較短。但它也有些小缺陷，因為模型的處理邏輯是這樣的：它首先會根據標點符號進行斷句，然後把多段文字分開來並行處理，所以一段文本的標點符號會影響最終合成語音的品質。另外，說話的口音、情緒化的語氣、自然停頓等等，也會導致模型的內容生成出現問題。

　　這款模型現在也已經有了很多商業化應用形式。例如當影片製作者們不想錄音或懶得補錄的時候，它就能派上用

場了，它還能幫助主播給贊助的觀眾發送合成的個性語音。
MockingBird 也有一些正在拓展的方向，如跨語言的語音複
製，它甚至能讓即時翻譯器呈現說話人的音色。在影視產
業，它也能協助在多個地區發行的影視作品將配音轉化為多
種語系。現在的機器已經可以模擬出真實的人類聲音，但如
果還能展現出人類在說話時的節奏，就更能以假亂真，進一
步幫助我們處理工作和生活中的一些瑣碎事務。

在中國，語音複製技術得到了廣泛應用。例如，喜馬拉
雅在其龐大語音素材庫的基礎上，利用這項技術快速地將新
聞、書籍和文章裡的文字轉換成語音，大大提升了語音的生
產速度。喜馬拉雅的「單田芳聲音重現」這個項目，已經有
多部不同風格的聲音專輯，這些專輯跟之前官方授權的「單
田芳評書」一起構建了「單田芳 IP」體系。

這些作品採用單式評書代表性極強、情感豐沛的腔調，
演繹了多部不同風格的經典作品，例如當下非常流行、故事
情節曲折離奇的推理作品《無證之罪》，還有單田芳生前未
完成的評書經典作品《十二金錢鏢》，透過創意性的跨時空
作品演繹，將傳統文化注入了新元素。AIGC 大幅豐富了文

化內容的呈現形式和數量，也深度延續了經典的生命力。

在中國語音產業中，使用情境多樣、消費用戶占比高，語音產業具備很高的發展潛力，也讓技術逐漸成為產業的重要競爭因素。生成式 AI 技術能讓聲音內容的生產和傳播更加快速，而隨著語音內容生產的規模化，還有技術的不斷迭代，生成式 AI 對於內容的參與程度明顯地越來越高，語音產業開始向更為智慧化的方向發展。

 ## 跨模態生成

看到本節的標題或許你會問，聲音也會有跨模態玩法嗎？當然有了！語音的跨模態生成現在有好幾種玩法，如文本生成語音、圖像生成語音、影片生成語音等。當下非常熱門的 Make-An-Audio 模型就是一個例子（圖 3-14）。

Make-An-Audio 模型是由北京大學和浙江大學聯合火山語音推出的一款應用程式，只需使用者在應用程式中輸入文本、圖片或影片，它們就能生成逼真音效。使用者既可以輸入鳥、鐘錶、汽車等圖片，也可以輸入一段煙火、狂風、閃電等的影片，對 Make-An-Audio 來說，生成這些內容的音

效都不在話下。AIGC 的音效合成技術，或許將會改變影片製作的未來。

圖3-14 Make-An-Audio 實現跨模態語音合成

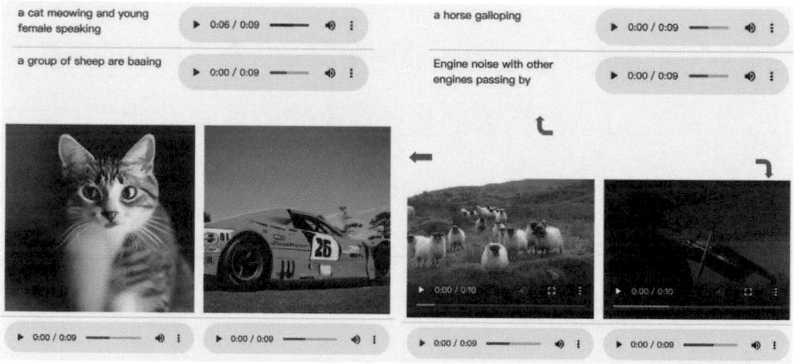

圖片來源：https://text-to-audio.github.io

　　這款「網紅」模型的內在技術原理究竟是什麼？在以視覺輸入的語音合成方面，Make-An-Audio 利用 CLIP 文本編碼器，並使用其圖像與文本整合空間，就能夠以圖像編碼作為條件來合成語音。而為了完成這樣一項工作，就不得不面臨一個客觀存在的問題，那就是像語音轉化成文字描述這樣的資料對是比較少的，這給提高模型效果帶來一定的難度。

　　對於這個問題，火山語音團隊協同北京大學、浙江大學

兩所大學，一起提出了創新的文本加強策略，這個策略是利用一種模型來獲得語音的文字描述，然後再透過隨機重組，獲取具有動態性的訓練樣本。總結來說，Make-An-Audio 這款模型能夠合成高品質、高可控性的語音，其提出的 "No Modality Left Behind"（不遺漏任何一種模態）理念更能解鎖任意模態輸入的語音合成。

我們可以預見的是，語音合成 AIGC 技術將會在未來的電影配音、影片創作等領域發揮重要作用，而借助 Make-An-Audio 等模型，或許人人都可以變成專業的音效師，都能夠借助文本、圖片、影片在任意時間、任意地點，合成生動的語音和音效。在現階段，Make-An-Audio 也並不是完美無缺的，由於其多樣的資料來源，還有難以避免的樣本品質問題，模型在訓練過程中會產生一些副作用，比如生成不符合文字內容的語音等，但可以肯定的是，AIGC 在語音領域的進展確實令人驚喜。

AIGC 進入語音領域，同樣施展了它的「魔法」，在音樂生成、語音複製和跨模態生成中發展得都極快，為用戶帶來了更多的方便，也讓使用者生活中的娛樂方式更多了。既

然文本、圖片、影片等都可以生成語音，我們簡直進入了「萬物皆可生成」的世界，不妨想像一下，音樂亦可生成舞蹈！

可能在今後，AIGC 還可以利用音樂的節奏、風格等對舞蹈動作進行拆分和組合，生成個性化的舞蹈供用戶學習，傳統的練舞室可能會迎來真正的挑戰。在一種產業發展的同時，與之對應的另一種產業必然會隨之發生變化，我們也期待未來 AIGC 在語音領域為我們帶來的更多可能。

影視創作：
大量場景任你選

如果你是個電影迷，應該能切實感受到日新月異的新技術正在改變電影產業，像新型 3D 技術、無人機拍攝、虛擬實境和擴增實境（AR）技術等，都和現在的電影製作密不可分，而 AIGC 是其中影響極大、令人印象非常深刻的技術。在電影創作的每個環節，人工智慧都有發揮作用的空間。對於觀眾而言，觀看一部由人工智慧編寫劇本、設計視聽效果、製作特效、剪輯，乃至參與表演的電影，已經不再是想像，而是成了現實。

當下，人工智慧在電影領域最重要的作用是使電影創作和管理趨於自動化和智慧化，能在一定程度上將電影工作者從瑣碎的重複性工作中解放出來，使他們將更多精力投入更具創意性的工作。如今，視覺效果製作、特技效果設計、影片剪輯等需要大量重複勞動才能完成的工作，都在慢慢改由人工智慧完成，因此電影產業內的許多工作正變得越來越自動化和智慧化。本節我們就帶大家看看 AIGC 在影視領域做出了什麼貢獻。

 劇本創作

之前我們講到過 AIGC 在文本創作領域的突出能力，劇本是文本的一種，AIGC 進行劇本創作自然也不在話下。其實傳統劇本創作存在諸多困境，如週期長、困難多，一個劇本的寫作週期與編劇和出品方都有關係，品質好的劇本，創作過程基本都在 1 年以上。

一般來說，創作劇本時，創作者要跟製片方或導演反覆溝通，確定劇本的創作方向、題材等，過程中需要明確了解對方的訴求。內容方向出現偏差，或者跟出品方要求不一

致，都會致使專案中斷。在這種情況下，AIGC 的使用就非常有必要了，它可以大大提升劇本創作的速度，縮短創作週期，給其他工作留出時間。

既然 AIGC 在劇本創作中如此重要，現在其市場應用情況如何呢？ Google 旗下的公司 DeepMind 就發布了 AI 寫作模型 Dramatron，它可以生成人物描述、位置描述、情節點和對話等內容。

人類作家可以編輯 Dramatron 寫出的內容，將它調整為適當的腳本。我們可以把它想像成「劇本界的 ChatGPT」，只不過它輸出的內容可以編輯為電影腳本，有用戶已經開始用它來為戲劇和電影創造連貫的劇本了。如果你想使用 Dramatron 創作劇本，只需要在應用程式中輸入故事的一句大綱，然後 Dramatron 就會自動生成劇本標題、人物設定、場景設定、細節和對話。

Dramatron 會利用大型語言模型的優勢，透過「分層故事生成」的方法生成腳本和劇本，使整個劇本具備連貫性。而與之前的連續文本生成應用程式相比，Dramatron 的劇本創作過程能令故事更加連貫，它可以根據使用者提供的戲劇

主要衝突的摘要（稱為「劇情線」）生成整個劇本，劇本長度可達幾萬字。根據輸入的劇情線，Dramatron 可生成的內容包括標題、人物設定、情節、地點和對話。用戶則能夠在生成的任何階段進行修改，輸入替代性內容，編輯和重寫輸出文本，十分方便。

　　Dramatron 分層連貫的故事生成方式還有這樣的作用：生成的人物角色可以被當成提示，協助創造故事情節中的場景概要，隨後還能為每個獨特的地點生成描述。最後，這些元素都會被結合起來，為每個場景生成對話。在 2022 年 8 月的愛德蒙頓國際邊緣戲劇節上，由 Dramatron 參與劇本編寫的電影上映了，體現了它強大的實踐能力。

　　為了評估 Dramatron 的可用性，在對 Dramatron 的劇本進行評價的過程中，研究人員並沒有依靠網上的非專家評審員的評價，而是邀請 15 位專家進行了長達 2 小時的會議，與 Dramatron 一起寫劇本，對於最終的結果，大部分專家評審都給出了正面評價。

　　中國的數位化娛樂科技公司海馬輕帆也推出了「小說轉劇本」功能。打開「海馬輕帆」網站，找到創作平台的「小

說轉劇本」介面（圖3-15），然後把小說的內容複製貼至「小說轉劇本」文字方塊中，就能一鍵生成這部小說的劇本了。這個功能可以把小說中的描述語言重新拆解、組合，「改造」成包含重要場景、對白、動作等視聽語言的劇本格式文本。

圖3-15 海馬輕帆「小說轉劇本」介面

它的用戶，有小說家、進行 IP（智慧財產權）改編的編劇，還有具有大量小說改編開發需求的影視公司。透過「小說轉劇本」功能，創作者只需要等待短短幾秒鐘，就能將小說文本轉換成劇本格式文本。另外，這個應用程式還能

透過 AI 語義理解技術，把小說中一些不必要的描寫、人物內心獨白、第三人稱視角等非視聽語言去掉，完美實現從小說的文本語言到劇本視聽化語言的基本轉換，幫創作者完成一大批 IP 改編繁雜的前期梳理工作。

在 AIGC 的工作完成後，創作者只需要對轉換後的劇本進行情節創意的構思創作就可以了。這項劇本創作的創新功能大幅縮短了 IP 改編製作的週期，能夠有效提升影視劇本的改編效率，給影視公司進行短影片、中短劇、長劇集開發提供了智慧化的高效改編解決方案。目前透過「小說轉劇本」功能改編的短劇《契約夫婦離婚吧》，在快手小劇場平台表現良好，在上線的 4 個月內得到了 300 多萬的點讚，帳戶增加超過 62 萬，1 個月內播放量突破 1 億。

除了「小說轉劇本」功能，海馬輕帆還上線了「一鍵調整劇本格式」、「角色戲量統計」、「大量創作靈感素材庫」、「短劇分鏡腳本匯出」、「劇本智慧評估」等豐富的功能。

其中「一鍵調整劇本格式」功能能夠將劇本在中式風格與好萊塢風格之間進行切換；「角色戲量統計」可以自動辨識劇本中的角色，對每個角色的戲量進行統計，以圖

表形式呈現；「大量創作靈感素材庫」功能則可以讓使用者輸入關鍵字獲得相關故事片段，在創作中獲得靈感提示；「短劇分鏡腳本匯出」主要針對短影片平台上的短劇創作需求，能為短劇創作者提供劇本一鍵匯出腳本的功能。「劇本智慧評估」功能針對內容創作和開發方，可以對電影、電視劇、網劇等劇本進行全面的智慧資料分析，評估它們潛在的商業價值。

角色和場景創作

最近 AI 換臉爆紅，不少藝人都經歷過「換臉風波」，雖然更多人把它當成一種娛樂方式，但娛樂之外，AI 的的確確可以透過合成人臉、聲音等，替換「劣跡藝人」、「數位復活」已故演員、實現多語言製片音畫同步、實現演員角色年齡的跨越、進行高難度動作合成等，減少演員自身局限對影視作品的影響。

如 2020 年中國首播的電視劇《三千鴉殺》就採用了 AI 換臉技術。由於原來劇中的一位女演員解約，但是戲已殺青，重拍成本非常高，所以出品方選擇使用 AI 換臉。雖然

現階段生成式 AI 換臉的效果有待增進，但它為換角、補拍問題提供了一個解決方案，不至於牽一髮而動全身。

除了解決演員的問題，AI 技術還能合成虛擬場景，用數位化方式生成無法實拍或成本過高的場景，以及角色的臉部、皮膚細節感，給觀眾帶來更優質的視聽體驗。數位特效常會被用於各類動畫和科幻主題影視作品，以及很多具有創意的短影片內容中。

電影《艾莉塔：戰鬥天使》在女主角形象的製作過程中就使用了 2 種基於深度學習的 AI 技術。第一，使用深度學習進行人臉追蹤時，輸入臉部活動的資訊作為訓練資料，讓模型知道不同場合下臉部肌肉運作情況；當由於拍攝角度臉部被部分遮擋時，模型就可以推算出沒有捕捉到的資料。第二，借助深度學習製作艾莉塔皮膚時，透過訓練模型產生正確尺寸和方向的皮膚和毛孔，這樣來生成細節使得皮膚和毛孔在臉上自然呈現，效果會更加逼真。

《復仇者聯盟 3》也使用了新的機器學習演算法，目的是優化人物角色的臉部表情捕捉過程，製作人員使用了基於機器學習進行臉部捕捉的新方法，透過採集演員的臉部掃描

資料製作反派角色「薩諾斯」的表情，如此，虛擬電腦動畫角色的表情特效能夠更逼真地反映角色細微的心理變化。

在中國，熱門劇《熱血長安》中的不少場景，也是透過人工智慧技術生成的。工作人員在前期大量採集了場地實景，再配合特效進行數位建模，製作出栩栩如生的拍攝場景。演員則在錄影棚綠幕前表演，工作人員結合即時去背技術，將演員動作與虛擬場景進行融合，最終生成影片。

 ## 剪接後製

剪輯也是影視製作中需要耗費大量人力的一項工作。傳統的剪輯方式會消耗大量時間，而人工智慧剪輯則能夠根據工作資料庫裡較為成熟的剪輯風格和鏡頭語言，對影片進行自動選擇和剪接，大幅度提高影片內容創作者的工作效率。

AI 參與剪輯同樣也在市場上得到了廣泛應用。例如，在 2019 年中國國慶大閱兵的直播中，央視新聞為更全面、更高效地呈現現場畫面，使用 AI 來完成分列式與群眾遊行的短片工作。AI 透過學習過去的閱兵畫面、節目信號內容規律

和時間點等資料，可以判斷畫面內容和穩定性，並掌握鏡頭運用邏輯，形成「多路信號 AI 剪輯模式」。這種模式可以同時完成多頻道、多角度的畫面剪輯和切換，其效率有人工剪輯無法企及的優勢。直播當天，在閱兵方陣完成表演後 5 分鐘內即生成了一個 AI 剪輯影片，AI 在 2 個小時內共完成 82 個影片的剪輯與輸出。

　　AIGC 還能實現對影視圖像的修復或還原，提升影像資料的清晰度，保障影視作品的畫面品質，還原時代久遠的經典作品。影片修復包括物理修復和數位修復，物理修復指的是對於膠片本身的修復，包括去除雜質、形變、劃痕等流程，數位修復則主要集中在基於機器學習和深度學習的全自動修復。

　　使用人工智慧技術，可以盡可能代替以前採用人力的工作方式，進而減少人力與修復成本。影片修復解決的是老舊影視資料中畫面雪花、膠片劃痕等造成影片素材影響觀感的問題。如果影視劇影片的場景比較固定，鏡頭運作和畫面都比較穩定，整體的色彩風格比較統一，修復難度就相對較小。

　　AI 曾經修復過 100 年前在北京拍攝的影片（圖 3-16）和電影《我的 1919》（圖 3-17），那麼它是怎麼做到的呢？主要有三步，分別是補幀、上色和解析度擴增，說得更通俗一點就是：讓影片變得更流暢，比如把 24 幀變成 60 幀；讓黑白影片變成彩色；讓影片變得更清晰，比如把 480P 的低解析度變成 4K 的超高清解析度。

　　AI 是怎麼修復老片的？我們以一款可以補幀的應用程式 DAIN 為例，這是一個基於影片深度資訊感知的時間幀插值演算法。在影片產業中，補幀其實並不少見，Sony 電視的 Motionflow 技術和 AMD 顯卡的 Fluid Motion 都是常見的補幀方案。

圖 3-16 **舊北京影片利用 AI 修復前後對比**

圖片來源：https://hyper.ai/14992

图3-17 電影《我的 1919》利用 AI 修復前後對比

圖片來源：http://media.people.com.cn/n1/2020/1019/c40606-
31896307.html

　　但是 DAIN 在類比生成一幀畫面之前，會額外做很多準
備工作。它首先會推測不同物體之間的遠近關係和遮蔽情
況，然後會採用一種效率更高的方式對像素進行採樣，以此
生成品質更高的畫面。在這種方式下生成的補幀畫面，比起

傳統補幀方法，更像真實拍攝的。另外，透過運用一項名為 DeOldify 的技術可以幫影片畫面上色，DeOldify 採用了一種改良過的 GAN 模型，既保留了 GAN 色彩絢麗的優點，又消除了影片中物體閃爍等副作用。

不過，DeOldify 所呈現的色彩還原結果並不一定是真實的情況，這只是它自我學習的結果，認為原圖像「應該」是這樣的。

騰訊公司和環球音樂就曾聯合多方團隊共同完成了張國榮 2000 年《熱·情》演唱會清晰修復版，數千萬粉絲共同觀看了這場融合 AI 技術的經典演唱會。中國觀眾們熟悉的老片《三毛流浪記》、《小兵張嘎》、《東方紅》等 100 多部經典電影也都被愛奇藝重新修復為 4K 畫質。為更好地推動經典電影修復的進程，愛奇藝還將高畫質影片修復作為一個重點方向，聯合多方啟動多個數位修復工程，會持續擴大高畫質影片修復的公益與商業價值。

中影數位製作基地和中國科技大學合作研發了一個基於 AI 的影像處理系統「中影·神思」。借助該系統，中影基地已經成功修復了《馬路天使》、《血色浪漫》、《厲害了，

我的國》和《亮劍》等多部影視劇，利用該系統修復一部電影的時間可以縮短四分之三，成本可以減少一半。優酷也利用阿里雲的「畫質重生」技術修復了老片，在優酷平台，經過修復的經典影視內容播放量增長迅速，蘇有朋主演的《倚天屠龍記》一經修復，在優酷的播放量就增長了450%。

諸如《尋秦記》、《士兵突擊》、《亮劍》等經典電視劇，經過 AI 影片修復後，都重新活躍於各大影片平台的榜單前列。AIGC 在影視領域的應用十分多元，從劇本創作、角色場景創作到後期製作，貫穿了影視製作的各個環節，許多影視作品都借助人工智慧的力量增添自己的光彩。作為觀眾，我們也樂見更多優秀的影視作品為我們帶來歡笑。相信在未來，AIGC 會滲透到更多影視製作的環節中，進一步提升影視作品的品質。

3-5

互動娛樂：
遊戲中的生成式 AI 革命

無論是中國還是國外，生成式 AI 技術的發展已經深刻影響了遊戲產業。遊戲本身的高度互動以及強調即時體驗的特性，讓遊戲開發者付出了極高的成本，而這也為生成式 AI 對整個產業的顛覆性革命埋下了伏筆。

你即使不是《王者榮耀》、《原神》的資深課金用戶，應該也能注意到現在的遊戲真是花樣百出，更新迭代速度極快。其實在生成式 AI 工具出現之前，即使是一款成本壓縮到最低的小型獨立遊戲，也需要至少數百萬人民幣的預算，

才有可能支撐遊戲從開發到完成的所有階段，更不用說一款
大型商業遊戲了。以市場上被遊戲愛好者熟知的遊戲《和平
精英》、《第五人格》等為例，雖然各家廠商都沒有詳細揭
露過自家遊戲花費的成本，但從遊戲規模來看，這些遊戲的
開發和維護成本必然都在億元以上。

　　中國的遊戲產業起步相對較晚，一款遊戲花費隨便就
上億元，那麼國外已經處於成熟期的遊戲市場，開發一款
遊戲需要多少錢呢？被評為史上最昂貴的遊戲之一的《碧
血狂殺 2》，僅製作成本就高達數億美元。整個遊戲分為
8 個章節，有 100 多個任務，角色設定超過 1,000 個，並
且每個角色都專門設計了個性特色，配有專門的聲音演員。
這些努力使得這款遊戲成為市場上擁有最精緻、最真實場
景的遊戲之一，但是它所花費的金額也不是一般遊戲可以
比擬的。

　　因此不管是在中國，還是在遊戲開發技術更為成熟的
國外，遊戲開發耗資費時是業界的共識，這也正是 AI 輔
助創作工具被遊戲開發產業寄予厚望的原因。一起來想像
一下，如果 AI 輔助工具，尤其是生成式 AI 技術能夠很好

地用在遊戲開發領域，肯定會大幅提高工作效率，縮短遊戲上線週期，遊戲迷也不用翹首盼望許久才能等到遊戲上線了。提升速度的同時，AI 還可以幫助大幅度降低遊戲開發成本，催生出更多新類型的遊戲，給遊戲市場注入新的活力。

 ## 遊戲內容生成

　　AI 的使用如何幫遊戲開發降低成本、提高效率呢？讓我們首先來了解一下遊戲的成本構成。簡單來說，不管是以個人為主的小成本獨立遊戲製作，還是由公司開發、人員齊備的大型商業遊戲製作，對遊戲的開發投入都主要分為 2 個部分，一是人力成本，二是非人力成本。

　　顧名思義，人力成本指的就是遊戲開發過程中所需要的各種人員費用。開發遊戲的人員主要由 3 類職務種構成，分別是企劃、美工以及程式開發，在這 3 類職務之下，又可以分出系統、文案、參數、關卡、遊戲引擎、角色、場景、美術風格、原畫等諸多職務。非人力成本則包括遊戲開發的房租、電費、電腦、伺服器、IP 授權費用等，其中人力成本占

了遊戲開發的大部分費用。

從遊戲開發人員的具體工作來看，企劃和程式開發的工作會貫穿遊戲開發的始終，而在遊戲製作過程中，花費時間最長、精力最多的其實是美工，美工的工作會涉及遊戲角色、場景、美術風格等的設計和確認，整個遊戲過程所出現的畫面也需要美工去配合設計。尤其是近些年來，動漫文化領域的崛起，使得年輕用戶對美術表現更加重視，遊戲開發者也隨之加大了對遊戲美術的投入。

讓我們以中國的遊戲來舉個例子。《崩壞 3》和《陰陽師》這 2 款遊戲都紅極一時，它們的爆紅，促使中國手遊市場走向了比拼美術品質的發展。隨著這些畫面優美、設計精緻的動漫遊戲大量進入市場，遊戲產業就這麼席捲風潮。在玩家越來越追求高品質遊戲畫面的同時，遊戲開發者也不得不投入更多的成本，以此維持自家遊戲在市場中的水準，不至於被比下去。

在遊戲市場不斷競爭的當下，AI 繪圖技術的應用能有效地緩解遊戲製作者們的成本壓力，同時也能夠基本滿足遊戲玩家對品質的追求。以輔助 2D 創作設計為例，AI 技術主要

被用在遊戲相關元素的設計參考上。遊戲的美術製作者們會在遊戲前期的角色設計、場景概念設計、服裝設計、武器設計、海報設計等方面借助人工智慧，在短時間內嘗試不同方向的內容呈現風格。

但如果你理解為 AI 會直接幫他們畫畫就錯了，美工們尋求 AI 的幫助，並不是為了得到一個可以直接使用的遊戲畫面或者人物，他們想要的其實是 AI 給他們提供思路，可能是顏色上的啟發，可能是構圖上的創新，也可能只是模棱兩可的畫面感受，創作者在這些基礎上進行自己的創作，改善遊戲設計。

遊戲工作室 Lost Lore 的創辦人就分享了自己使用 AI 技術輔助開發一款遊戲的過程，那是一個叫 Bearverse 的手機遊戲。他提到他們在角色設計這個階段使用了生成式 AI 輔助設計，這個決定，將原計劃 5 萬美元的開發成本降到了 1 萬美元，並在 1 個月內就完成了 198 個可操作角色的設計。

這個遊戲中的角色以熊為主，每個角色都擁有自己的階級和部落設定。要想透過美術設計將 198 個熊類角色區分開，真是很考驗美工的技術了。在使用生成式 AI 的支援前，

這個工作量可想而知,而在 AI 繪圖技術介入之後,工作室的工作效率大幅提升。

這款遊戲的工作室利用 Midjourney,採用「AI 文字輸入調整＋人工調整」的方法來進行設計。為了生成一隻新的熊,他們會載入已經畫好的熊的圖像作為參考,並添加詳細的提示詞,在這個提示詞中規定新的可玩角色的特徵,包括圖像的主要顏色、熊爪裡握著的道具、角色的姿勢、背景元素、是否有清楚的倒影等等。

例如:「一頭行軍中的邪惡灰熊,穿著鐵製的盔甲,戴著頭骨裝飾,動態的攻擊姿勢,古老的頭盔和防毒面具,未來末日風格」等等,每頭熊都有獨特的提示詞,如此就得到了諸如圖 3-18 所示的結果。

在 AI 生成圖像的基礎上,工作室的畫師需要進行進一步調整,最終生成符合遊戲需要的角色,這個流程大幅縮短了前期的設計階段。在遊戲中,不止角色設計用到了 AI 繪圖生成技術,部分 3D 建築草圖也是由 AI 生成的。將初期設計的建築概念草圖輸入 Midjourney,由 Midjourney 輸出參考草圖(圖 3-19),而後再由畫師微調後定稿。如果你是這個遊戲

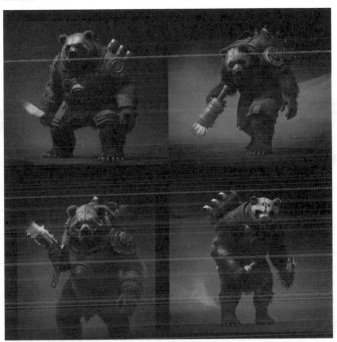

圖3-18　Lost Lore 工作室使用 AI 繪圖生成的角色熊

圖片來源：https://gameworldobserver.com/2023/01/27/ai-use-case-how-a-mobile-game-development-studio-saved-70k-in-expenses

的玩家，那麼你在遊戲中經過的地方或許都有 AI 參與構建。

用數字也可以清楚反映 AI 技術對遊戲開發進度的影響。以角色和場景草圖的創作為例，以該遊戲工作室的效率，之前創作一個角色需要大約 16 個小時，開發 17 個角色就需要 272 個小時，換算一下大概是 34 個工作日。而工作室的

圖 3-19 運用 Midjourney 生成的 3D 建築參考概念圖

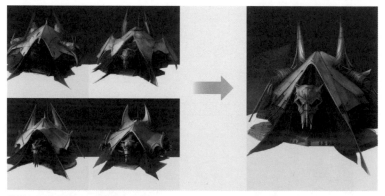

說明：左邊為草圖，右邊為生成結果。
圖片來源：https://gameworldobserver.com/2023/01/27/ai-use-case-how-a-mobile-game-development-studio-saved-70k-in-expenses

藝術總監在 AI 繪圖軟體的幫助下，在不到 1 週的時間內就完成了對 17 個角色的調整。場景設計師在 AI 繪圖軟體的幫助下將通常需要 1～2 週才能完成的場景草圖的設計時間，縮短到了 1 天。

從 Bearverse 的案例中，我們看到了 AI 強化 2D 創作及 3D 建模設計的龐大潛力，而這還只是遊戲開發過程中前期工作的部分。至於遊戲動畫、關卡和世界設計、遊戲背景音樂、聲音效果以及遊戲中角色的語言和對話製作……生成式 AI 能夠幫助解決的問題就更多了。

提高 NPC 互動性

很多遊戲中都有 NPC（non-player character，非玩家控制角色）的存在，早在生成式 AI 技術發展之前，就有遊戲開發公司嘗試利用 NPC 來提升玩家的遊戲體驗。比如最早的街機電子遊戲之一—— Pong，就是利用虛擬的對手來和玩家比賽，讓玩家在對戰中獲得類似於現實生活中和真人對戰的快感。但遺憾的是，這些虛擬的對手僅僅是遊戲設計師編寫的腳本程式，並不能根據玩家的不同表現自動調整自己的行為，使玩家獲得更好的互動體驗。

隨著生成式 AI 的發展成熟，以 OpenAI 公司為代表的 AI 科技公司研製出了與人類應答更相似的最新自然語言對話模型 GPT。有了它，很多遊戲公司都躍躍欲試，想要創造出可以與之互動的高擬人化 NPC，以此提升玩家的遊戲體驗。

早在 2005 年就有公司做過這方面的嘗試，如遊戲 *Façade*，這是一款基於自然語言對話的遊戲。玩家以晚宴客人的身份，透過文字對話的方式與住在公寓裡一對關係不

和的夫妻聊天，玩家輸出的語言會影響到夫妻的關係，也就是遊戲的走向。這種高互動式的遊戲吸引了眾多玩家，讓這款遊戲紅極一時。

作為實驗性遊戲，*Façade* 表現出的角色和玩家的高互動性，影響了很多遊戲開發者對互動類遊戲的進一步想像。而隨著生成式 AI 的深入運用，還出現了如 Charisma.ai、Inworld.ai 等可以為遊戲開發者服務的智慧聊天機器人平台。因此遊戲開發者可以與這些機構合作，基於遊戲中設定的世界觀和角色特性，創建出專屬於遊戲世界的 NPC，這些 NPC 的語言和行為會隨著玩家的不同而產生不同變化，但是用意都是服務於整個遊戲世界。它們已經不僅是遊戲的「門面裝飾」，在推動故事情節發展以及玩家融入遊戲體驗中，也發揮著重要的作用。

遊戲開發商 Alientrap 也將 OpenAI 的 GPT-3、語音辨識和自然語音合成等技術相融合，打造了一款遊戲演示（圖 3-20），一經發布就引起了廣泛熱議。

遊戲演示中展現的是測試人員和遊戲中名為 Bobby 的市政工作人員的對話，如果不看畫面，僅看 NPC 的回答方

圖 3-20　遊戲演示截圖

圖片來源：http://www.gamelook.com.cn/2021/03/434604

式和語氣，很難分辨他到底是真人還是 AI。我們也能從這款遊戲演示中窺見未來遊戲的發展。在未來的遊戲中，玩家們有望看到更智慧的 NPC，而人工智慧的使用也會大幅提升玩家的遊戲體驗。

　　另外，有很多公司在研發專門以娛樂為目的的聊天機器人，如虛擬聊天應程式 Glow。Glow 的核心體驗很簡單，就是讓 AI 陪自己聊天，使用者可以根據自己的喜好設置聊天對象的「人設」，比如背景、性格、價值觀等，還可以透過對話訓練 AI 聊天對象，調整其語氣和說話方式等。

創新型 AI 遊戲

　　在遊戲領域，人工智慧真是有「十八般武藝」。除了借用人工智慧提升遊戲開發效率、節省成本以及豐富玩家遊戲體驗，人工智慧本身也能創造出前所未有的遊戲類型。以 Spellbrush 的 *Arrowmancer* 與微軟的《模擬飛行》為例，兩者的創新玩法都主要得益於生成式 AI 的即時內容生成。

　　Arrowmancer 是一款角色扮演類遊戲（圖 3-21），它最大的特點是由 AI 來創建角色，用戶可以自己做畫師，用 AI 來創造角色設定。AI 創造角色的過程也非常簡單，僅有 4 步：初始形態、確定髮色和瞳色、完善細節、定格姿勢。和市面上諸多遊戲的臉部設定功能相比，*Arrowmancer* 玩法的變化較多，角色的畫風還可以自選，俘獲了很多用戶的心。

　　《模擬飛行》遊戲則主打完整世界和擬真飛機的玩法（圖 3-22），玩家在遊戲中，能體驗駕駛飛機的飛行快感。遊戲是由 Bing Maps（必應地圖）來構建真實的地面景觀，它會透過 Azure AI 技術呈現遊戲中事物的細節，還運用

圖 3-21　*Arrowmancer* 遊戲概念圖

圖片來源：https://www.arrowmancer.com

圖 3-22　《模擬飛行》遊戲畫面圖

圖片來源：https://tech.sina.com.cn/csj/2020-09-04/doc-iivhvpwy4807517.shtml

Project xCloud 雲端服務實現了資料的互動。跟普通的飛行模擬遊戲相比,這款遊戲最大的特點是能即時生成內容,包括地圖和景物等,而這都來源於人工智慧的支援。

除了應用人工智慧製作單機遊戲,一家名為 Hidden Door 的基於機器學習和沉浸式娛樂相結合的新技術工作室,也已經推出了一個 AI 遊戲平台。在這個平台,眾多玩家需要參與建立一個共同創造和體驗無盡故事的多元宇宙世界。

在平台所帶來的遊戲中,用戶可以自行組隊,將故事世界重新組合成互動圖畫小說。在角色扮演遊戲的敘事氛圍(包括一個俏皮的 AI 解說員)下,任何人都可以即興創作無盡的冒險情節,還有大量 NPC、物品和地點。在創作完成後,這些內容又可以被蒐集、交易並與朋友分享,還能被重新混合到新的世界和故事中。

國外的遊戲產業對 AI 的運用已經如此「爐火純青」了,中國的遊戲廠商自然也不甘落後,眾多中國一線遊戲開發商如網易、騰訊、字節跳動等公司推出了使用 AI 技術的遊戲項目。如網易的《逆水寒》專案團隊就宣布,他們在遊戲中使用 AI 技術創建 NPC 角色,並打出「打造中國首款遊

戲 GPT」的口號。遊戲內的智慧 NPC 能夠和玩家自由生成對話，並自主給出有邏輯的行為回饋，這項功能已經成功上線，成為目前玩家能夠體驗的遊戲內容。

　　字節跳動旗下的朝夕光年無雙工作室也將 AI 技術應用到了競技遊戲中，他們與字節遊戲 AI 團隊合作，研發出了競技場 AI 機器人。遊戲可以根據玩家的級別，為玩家自動匹配合適的對戰機器人，機器人還擁有與真人行為更相似的表現。這使得玩家可以體驗到類似於和真人玩家對戰的感覺，在很大程度上提升玩家的遊戲體驗，提高遊戲的玩家留存率。

　　可以看到的是，生成式 AI 在遊戲前期內容製作中的運用大幅度降低了遊戲開發的成本，這將有助於打破遊戲產業被大型遊戲開發商壟斷的局面，同時，這也會帶來遊戲類型的創新發展。但是需要了解的是，目前設計師和藝術家並沒有被取代的危險，他們只是將耗時的重複性工作交給了人工智慧，遊戲的核心創新還是掌握在人類手中。

　　在玩家體驗方面，智慧 NPC 的運用會大幅提升遊戲的可玩性，幫助玩家玩好遊戲的同時，智慧 NPC 也會在玩家

的現實生活中發揮很大的作用，無論是作為「問題解決專家」，還是作為陪伴性的朋友，人工智慧都會全方位提升玩家的生活體驗。作為遊戲的基礎工具，生成式 AI 同樣也會越來越頻繁地出現在遊戲市場中。

總之，作為生成式 AI 領域的一個重要發展方向，遊戲將會在未來的產業發展中呈現出更多的革命性變革。而元宇宙的興起對技術能力的更高要求，讓我們看到了生成式 AI 技術更廣泛的應用情境，這也為遊戲產業的進一步發展指引了方向。

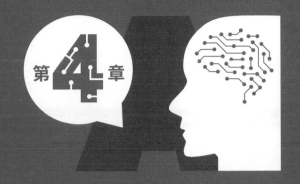

商業模式：
AIGC的產業應用與前景

　　在本章，我們會從各行業中不同職能，也就是「做什麼事」的角度，探討生成式 AI 是如何提升傳統產業的 5 大職能領域，這 5 個領域分別為：研發、生產、供應鏈、行銷、客服。

　　在整個產業鏈中，生成式 AI 運用自己出色的「工作能力」，為不同產業中的工作環節帶來了新的活力，充當了催化劑的角色。相信對於處於職場中的讀者而言，這章內容可能會與自己的工作內容十分貼近。也希望讀者在讀完這一章後，能在不同情況下更巧妙地運用生成式 AI，重新打造生產力，提高工作效率，產生更大收益。

4-1

研發設計：
設計能力樣樣俱全

設計數位和實體產品的原型是一個勞動密集的逐步改良過程，設計團隊透過反覆優化的方式，透過多輪工程分析、理解和改進來完善設計想法，以達到最好的結果。但是這樣的反覆過程每次都需要耗費大量時間和經費，團隊在開發時間內可能只能完成很少的優化次數，也很少有機會探索其他替代的設計方案，因此最終設計往往不是最佳結果。隨著生成式 AI 技術的發展，產品設計領域出現了一種新的

設計方式——生成式設計。

　　生成式設計（generative design）是一種有別於手動設計的新式設計方式，它應用 AI 能力為產品或零件提出多種設計變化，這樣設計選項的生成速度更快，可以縮短產品開發時間並提供更多創造性選擇。生成式設計的方式可以有多種形式，包括在原有產品的基礎上增加或刪除部分要素，也可以根據指定要求完全生成一種新的設計。透過承擔大量標準化的工作，生成式設計工具讓設計師能夠更關注核心創新工作。

　　現階段，生成式 AI 根據粗略的草圖和提示來製作具真實感、高品質效果的圖已經成為現實。而隨著 3D 模型的出現，生成式 AI 將延伸到產品設計領域，也就出現了我們所說的各種生成式設計工具。顧能（Gartner）公司預計，到2027 年將有 30% 的製造商使用生成式 AI 來改進其產品開發流程，你的下一個手機 App 或下一雙運動鞋可能是由 AI設計的。這帶來了設計領域新的變革，也帶來了新的契機。同樣，生成式 AI 也可以用在藥物研發領域，預計到2025 年，30% 的新藥將由生成式 AI 設計。

　　產品設計分為外觀設計和結構設計 2 個階段，從設計層

面上來講，外觀設計和結構設計就是一個產品從無到有的過程。構建產品外觀形狀的這個過程被稱為外觀設計，外觀設計結束之後，為了實現產品的使用性能而進行的產品內部構造設計，便是結構設計。以下我們先介紹在外觀設計和結構設計過程中，生成式 AI 是如何發揮作用的，然後會談及藥物研發中的生成式 AI。

 ## 外觀設計

　　CALA 是一個領先的時裝設計平台，可以將設計師的創意快速轉化為設計草圖、模型和產品，並將整個流程整合到自己的數位平台。CALA 新的生成式 AI 工具已上線並可免費試用，這項功能是基於 OpenAI 的 DALL·E 完成的。我們介紹過，DALL·E 能夠根據使用者輸入的文字描述，生成各種創意圖片，CALA 正是利用這樣的功能，開發出一種新的時裝設計模式：設計人員輸入不同設計創意的關鍵字，CALA能很快生成一系列時裝設計原稿，大幅加快了整個時裝設計過程，我們來看一下這是怎樣一個「炫酷」的過程。

　　設計人員先從 25 個列表中選擇基礎款式（例如毛衣、

襯衫、帽子等），然後輸入提示文本來描述整體設計創意並選擇材質，最後輸入提示文本來修改裝飾細節（如袖口或拉鍊等）。例如，我們選擇生成「鴨舌帽」，並且輸入 "fashion，colorful，heart"（時尚的、多彩的、愛心）這幾個設計創意（圖 4-1），等待 20 秒左右，CALA 就為我們生成了 6 個鴨舌帽設計方案。可以看到，這些設計方案基本符合我們的設計要求（圖 4-2）。

　　在確認好初步的設計方案後，就可以將這些方案直接嵌入設計工作台中，在工作台中進行進一步修改。設計人員可以在原有設計方案上添加新的圖案或者添加註解，也可以對不同部位進行精確測量（圖 4-3）。

圖 4-1 在 CALA 中選擇款式和設計風格

圖 4-2 在 CALA 中查看生成結果

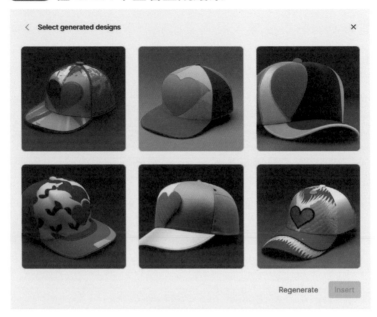

圖 4-3 CALA 設計工作台

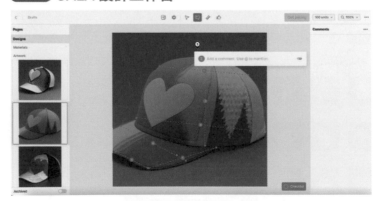

　　需要注意的是，CALA 並不是全自動設計工具，其使用過程仍需設計師的技能和經驗累積，但它顯著降低了新設計師的進入門檻，並為資深設計師提供大量創意，進而提升工作效率。生成式 AI 在時裝設計領域的應用，也為其他領域的外觀設計工作提供了一個很好的範例，比如建築外觀設計也逐漸形成了特有的生成式 AI 應用模式。

　　相比於時裝設計，建築的外觀設計需要考慮的要素更多、更複雜，對 AI 生成結果的可用性要求更高。理論上說，Stable Diffusion 這種圖像生成模型中已經基本涵蓋了大部分建築風格的高品質圖像，但是讓模型結果更加精確，依然是一件困難的事。

　　例如，在 Stable Diffusion 平台上，我們能夠生成不少看上去漂亮的建築造型，但這些造型往往並不是我們想要的，要想獲得較好的建築設計圖，往往需要輸入大量的提示詞。我們使用 Stable Diffusionv 2.1 模型，並且輸入提示　詞 "The architectureal appearance of the commercial complex in the city center, full of fashionable colors."（市中心商業綜合大樓建築外觀圖，富有時尚色彩），可以得到

如圖 4-4 的這些圖片。

圖 4-4 Stable Diffusion 生成的建築設計圖

　　我們可以透過人工輔助 AI 的方式漸進式地完成建築外觀設計。建築方案設計過程包括方案構思、草圖繪製、素材生成等多個階段，Stable Diffusion 平台可以將每一步生成的結果設定為下一階段的初始圖片，接下來也會在這張圖片的基礎上，按照新給的提示詞繼續作畫。透過這樣的方式，

讓 AI 盡可能多地介入設計工作流程的各個階段。如圖 4-5
所示，人類設計師與 AI 配合，最終完成了一個辦公大樓從
草圖設計到定稿的整個過程。

圖 4-5　Stable Diffusion 漸進式生成建築設計圖

草圖　黑白線稿　加上陰影　加上色彩　初步完成

　　透過與生成式 AI 的合作，設計人員可以快速獲得一個
建築設計的初步方案。在這個過程中，AI 雖然產生了一些奇
妙的設計想法，但仍需依靠設計人員的校正，這樣才能使最
終的結果符合設計人員的設想。在這個基礎上，設計人員再
在細節上進行一些補全，整個建築設計方案便可以完稿了。
　　生成式 AI 將協作和創作融合在一起，並且從最源頭的
靈感開始，在開放的機制下激發創造力和生產力，這種體驗
無疑是革命性的。相信在不久的將來，生成式 AI 必定會在

不同的外觀設計領域大放異彩，帶來設計方法的全新樣貌。

 ## 結構設計

　　結構設計是產品設計的另外一個階段，其中，汽車零件結構的設計是生成式 AI 的典型應用方式。美國通用汽車公司就在利用 AI 和雲端運算的生成式設計方法，探索一系列汽車零組件的設計解決方案。透過增材製造，汽車公司可以用經濟、高效率的方法，製造複雜的零件和獨特的元件來客製化車輛。這些技術幫助汽車公司為客戶提供比以往更好的性能和更多的選擇。

　　積層製造指採用材料逐漸累加的方法製造實體零件的技術，根據其自身的特點，積層製造又稱快速成型、任意成型等，一般被通俗地稱為 3D 列印，近年來，3D 列印技術已大量應用於汽車製造產業。

　　2015 年，總部位於底特律的新創公司 Local Motors 推出了 Strati，這是一款電動雙座跑車，其零件有 75% 採用了 3D 列印技術。2016 年，位於洛杉磯的新創公司 Divergent 3D 緊隨其後推出了 Blade，這是一款擁有 700 馬力的「超

級跑車」，具有 3D 列印的車身和底盤。隨著全球首款 3D
列印電動汽車 LSEV 在中國 3D 列印文化博物館舉行的發表
會上亮相，3D 列印汽車也將成為未來汽車製造不可忽視的
發展方向之一。

　　如果 3D 列印是通往未來汽車世界的一扇門，那麼生成
式設計將是打開它的鑰匙。生成式設計是透過使用生成式 AI
和雲端技術，將工程師和電腦相結合，探索車輛零組件不同
設計解決方案的一種方式，這是電腦或工程師只靠自己作業
不可能產生的。透過此模型，工程師可以設定零件設計目標
和條件（包括材料、製造方法和預算等參數），然後將其輸
入生成式設計軟體。接下來，該軟體會使用演算法分析評估
所有可能的設計方案，並根據其計算結果推薦最佳解決方案
（圖 4-6）。

　　3D 列印和生成式 AI 設計技術的結合，優化了汽車製造
工業的生產效能，使得汽車做到了「更輕、更省油、更便
宜」，在很大程度上提升了汽車品牌的競爭力。而提高汽車
性能只是一個開始，未來，使用生成式 AI 設計在經銷處可
以省錢、高效率地製造零件，並客製化車輛，例如根據客戶

要求客製化裝飾套件，用客戶的名字或客戶最喜歡的球隊標誌來個性化裝飾他們的車輛，都將成為可能。

圖 4-6　透過生成式 AI 設計出的汽車零件

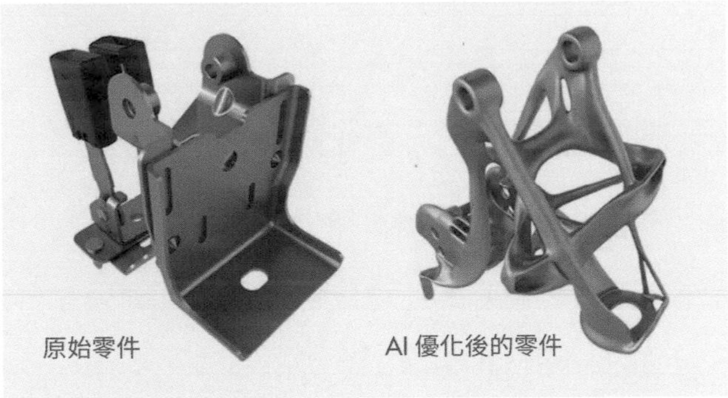

原始零件　　　　AI 優化後的零件

圖片來源：https://www.autodesk.com/customer-stories/general-motors-generative-design

　　除了汽車製造產業，生成式 AI 在航太製造領域也發揮著越發重要的作用。高達德太空飛行中心（Goddard Space Flight Center，簡稱 GSFC）是美國國家航空暨太空總署（NASA）的一個主要研究中心，該中心開發了一種數位編碼需求與生成式 AI 設計結合的太空零件設計工具，它只需花短短 2 小時就能完成太空零件的設計任務，並且其設計成果完全符合 NASA 設定的標準規範。該工具也可以滿足太空

中心內部大量儀器的設計要求，包括遮光罩、隔熱罩、黏合接頭和螺絲接頭等要求。

　　一項來自高達德太空飛行中心的研究對人工設計與生成式 AI 設計進行了一系列對比，對比結果如圖 4-7 所示。在此次對比過程中，人工設計進行了 4 次更新：設計人員第一次設計的方案太重（實物重量為 0.59kg），因此在第二次設計中添加了鏤空設計以減輕重量；第三次更新對鏤空進行了調整，以增加剛度；而第四次更新是一種完全不同的設計，雖然可以滿足要求，但透過數控機床和 3D 列印都不容易製造出來。

表 4-7 **人工設計與生成式 AI 設計對比**

設計師	人類專家				AI	
設計						
更新次數	1	2	3	4	31	31
重量（kg）	0.59	0.18	0.27	0.18	0.2	0.2
最大應力（MPa）	26.3	189	103	60.7	14.8	11.2
製造方案	數控機床 1,700 美元 3 週	數控機床 無報價	數控機床 無報價	數控機床 / 積層製造 無報價	數控機床 1,000 美元 3 天	積層製造 2,000 美元 3 週

資料來源：Ryan McClelland，"Generative Design and Digital Manufacturing: Using AI and Robots to Build Lightweight Instruments

生成式 AI 設計在很多方面都優於專業的人工設計，人工設計只有最初的方案很容易製造，而生成式 AI 設計的方案都很容易製造。另外，與人工設計相比生成式 AI 設計的剛度重量比，提高了 3 倍以上，最大應力也大大減小。這些大幅度的性能改進在機械設計領域很少見。

然而，最重要的改進是完成設計的速度的提升：2 名工程師花 2 天時間才能完成的設計，在使用生成式 AI 的情況下只需要 1 名工程師花大約 30 分鐘來制定需求，然後根據這個需求花費大約 1 小時就可以完成。這表示開發時間或者說開發成本，大大的縮減。

生成式 AI 技術已經在生產製造產業迅速發展，結合數位製造等關鍵技術，優化設備結構的設計和製造，使研發時間大幅縮短，同時大幅提升性能，這些提升透過以往的任何方式都不可能達到。生產製造產業中的結構設計領域，將迎接全新的變革。

 ## 藥物研發

AI 已經在醫療領域廣泛應用，在輔助問診、制定治療計

畫、藥物研發等方面均扮演重要角色，並且發展十分迅速。尤其在 ChatGPT 問世後，其為醫療問診帶來了更大的便利，從互動形式、回饋內容到準確率和效率都有大幅提升。

　　大型網際網路公司也陸續透過研發、收購等方式，推出生成式 AI 醫療平台。在 GPT-4 發布的前一天，Google 聯合 DeepMind 發布專門應用於醫療的生成式 AI 模型 Med-PaLM，該模型專門用於回答醫療保健相關問題。在這之前，微軟語音辨識子公司 Nuance 發布了使用 GPT-4 的醫生臨床記錄 AI 應用程式 DAX Express，這是醫療產業第一款結合 GPT-4 模型的應用程式，能夠在幾秒鐘內自動生成臨床筆記，大大減輕醫療人員的記錄負擔。

　　隨著生成式 AI 技術的發展，AI 不僅可以用於輔助問診，甚至可以更深入地用於藥物設計，輝瑞、嬌生等國際大型製藥公司也均嘗試透過 AI 研發藥物，使用生成式 AI 設計針對特定疾病的蛋白質模型，有些藥物已經進入臨床試驗。這也實現了生成式 AI 設計從宏觀到微觀分子層面的轉換。

　　藥物研發包括藥物探索、臨床前研究和臨床試驗 3 個階段，往往耗時漫長且需要龐大的資金投入。藥物探索包括辨

識和選擇藥物靶點、發現或者設計先導化合物、優化先導化合物、選擇候選藥物等流程，難處在於靶點的發現和化合物設計，這也是藥物設計的關鍵。

生成式 AI 的出現，顛覆了傳統藥物研發進程。透過大量的資料運算，生成式 AI 可以快速辨識藥物靶點，然後從資料庫中匹配合適分子，進而完成化合物的設計、預測藥物代謝性質和理化性質、分析藥物對人體的作用等等工作，幫助縮短藥物研發週期，降低研發投入，提升研發效率。

具體而言，在一般藥物設計過程中，藥物靶點的發現和化合物的設計需要經過大量的實驗和篩選，從成千上萬個分子中尋找有治療效果的化學分子，但只有少數可以最終進入後續臨床試驗階段。人類思維受限於固有模式，在靶點的發現上難以跳出思維束縛，難以設計出結構不同的創新藥物。多數潛在藥物的靶點都是蛋白質，而蛋白質的結構決定了它的功能，這需要對 2D 氨基酸序列折疊成 3D 蛋白質的方式進行設計，蛋白質的小分子能夠折疊形成的形狀和種類數量十分龐大，這給藥物設計帶來了很大的難題。

然而，生成式 AI 在這方面具有天然優勢，不僅可以透

過機器學習模型進行大量資料的挖掘和計算，幫助迅速發現藥物靶點，提高找到靶點的機率，而且能夠計算出蛋白質折疊模式的最佳方案，進行蛋白質 3D 結構設計，甚至可以突破人類的固化思維和認知局限，生成人類過去未曾考慮過的新方案，預測、設計並生成全新的蛋白質結構，產生新的藥物設計方案。

目前，生成式 AI 在蛋白質的設計和改造方面已取得了實質性進展，能夠透過對蛋白質進行設計和建模，完成蛋白質的改造和進化。Salesforce Research、合成生物學公司 Tierra Biosciences 和加州大學的研究團隊，共同研發的新型人工智慧系統 ProGen 就能夠從無到有進行蛋白質設計，且其生成的蛋白質具有很強的多樣性。ProGen 生成的人工溶菌酶，雖然與天然溶菌酶蛋白質序列的一致性僅為 31.4%，但是具有相似的活性，催化效果得到了驗證，這首次打破了 AI 預測和實驗之間的障礙。

輝達的雲端服務產品 BioNeMo，能夠用於生成、預測和理解生物分子資料，加速完成藥物研發過程中最耗時、燒錢的階段，其中就包括加速蛋白質的創造。該雲端服務產品

依據專有資料透過生成式 AI 設計生成蛋白質結構，輔助研
發出最佳候選藥物。使用者可以透過瀏覽器介面使用 AI 模
型進行互動式推理和實驗，確定蛋白質結構並進行視覺化呈
現，大幅加快藥物研發設計的流程。

　　生成式 AI 在分子的生成和設計方面，不僅限於蛋白質
這樣的大分子，在小分子領域也已有相關應用。2020 年，
人工智慧製藥公司英科智能（Insilico Medicine）推出了分
子生成和設計平台 Chemistry42（圖 4-8），透過先進的演
算法模型，實現從零開始設計創新分子，持續對生成的分子

圖 4-8　Chemistry42 藥物設計生成實驗的介面

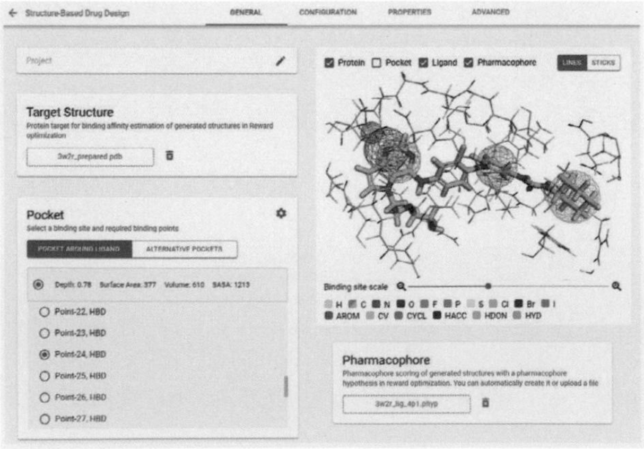

圖片來源：Yan A. Ivanenkov, et al, "Chemistry42: An AI-based Platform for De Novo Molecular Design"

結構進行評估，並在生成式 AI 的輔助下進行藥效、代謝穩定性、合成難度等多面向評分和優化。

2023 年 2 月，英科智能宣布其新冠小分子藥物 ISM3312 正式獲准進入臨床試驗階段，該藥物是冠狀病毒複製所必需的 3CL 蛋白酶的小分子抑制劑，正是在 Chemistry42 平台設計的分子結構基礎上優化而來的，這是英科智能第二款使用生成式 AI 設計的小分子藥物，也是全球第一個獲准進入臨床試驗階段的 AI 設計的新冠口服藥。

正是因為生成式 AI 的參與，ISM3312 藥物具有新穎的結合方式和分子結構，與其他 3CL 蛋白酶抑制劑相比，具有不同的作用機制和潛在的差異化優勢，展現了生成式 AI 在藥物設計方面的龐大能力。

生成式 AI 在藥物設計領域的應用是 AI 生成設計能力從宏觀到微觀的延伸，但是由於基礎資料和設計精細度的局限，AI 還不能負責藥物設計的全部流程，從設計到成藥依舊困難重重。儘管如此，透過大數據和大模型，生成式 AI 在藥物設計方面已經提供了很好的助力，隨著模型的發展和資料的累積，生成式 AI 應用勢必將在醫療和生命科學領域發

揮更加重要的作用。

　　無論是外觀設計還是結構設計，從宏觀世界到微觀世界，生成式 AI 都表現出很強的設計能力，在各設計領域的應用前景十分廣泛。目前生成式 AI 在設計方案時，仍然只能做輔助性工作。因為設計的價值不僅在於產出設計圖，更在於設計背後的系統性思考、與需求的契合、對市場的洞察、與用戶的同理心等，這些仍需要設計師的專業技能和經驗累積，仍需設計師在實際操作中對設計進行修正、改良和應用。但是，不可否認，生成式 AI 應用於研發設計的優勢也是顯而易見的，能夠迅速創造和修改設計，提供大量創意以供選擇，提升設計效率。

　　透過生成式 AI 的協助，設計師可以更快速地獲得初步方案，借助 AI 輔助繪圖來展現效果，突破知識界限和思維瓶頸，更充分地發揮創造力。隨著生成式 AI 研究的日益深入，其在研發設計方面的應用領域必將越來越豐富。

生產製造：
L4 級別的智慧控制

L4 級自動駕駛是指高度自動駕駛，能夠在特定條件下完成駕駛任務，不需要駕駛員操作。L4 級代表著現階段自動駕駛技術的最高水準（當然未來可能達到 L5 級），在生產製造領域，智慧製造技術同樣能實現「L4 級別」的智慧控制。

什麼是智慧製造？想像這樣一個景象：各式各樣的機器人在工廠裡忙碌著，有的機器人負責產品的組裝，有的則負

責運輸，一個產品從組裝、品質檢驗、包裝到運輸的整個過程，每一步都由機器人自動完成；當設備需要維護時，它們也會自動通知技術服務部門。這就是智慧工廠裡的日常，產品的製造過程由各種智慧設備和程式主導，在這個過程中，各個工序的執行情況都透過感測器完整地上傳雲端，技術人員只需要在控制室就能掌控整個生產過程。

繼蒸汽機（第一次工業革命）、電氣化（第二次工業革命）、數位化和資訊化（第三次工業革命）之後，智慧製造對應的是第四次工業革命，也稱工業 4.0。工業 4.0 最早是由德國提出的，其特點是自動化程度的提高以及智慧型機器和智慧工廠的使用。同時，工業 4.0 利用數據分析與洞察，提升生產和供給效率。生產靈活度也因此增加，製造商就可以透過大規模製造來更好地滿足客戶需求。

目前，智慧製造已經在各行各業得以應用。例如在汽車製造產業，作為上汽大眾自動化程度最高的生產基地，位於上海安亭的上汽大眾新能源汽車工廠（圖 4-9）採用了近 1,500 台工業機器人，車身和電池生產工廠基本實現無人化全自動生產，組裝車廠自動化率相比傳統組裝車廠提升近

45%，大幅地提高了整個生產過程的效率，也代表了目前全球汽車產業最先進的製造技術。

圖 4-9　上汽大眾新能源汽車工廠

圖片來源：https://www.csvw.com/csvw-website/news/company-news.html?
newsid=2927html? newsid=2927

　　再例如家居產業，美克國際家居攜手 IBM 打造的智慧製造專案，從設備、產線、運輸、計畫協調等多個面向進行智慧化改造，利用工業機器人來實現自動化生產，提高勞動生產率，降低對人力的需求，讓產能大幅提升，父付週期從產業平均的 120 天縮短至 35 天。

可以看到，隨著智慧製造的不斷普及，製造領域將越來越多元地應用工業機器人。工業機器人以往的控制方式通常以一些預設的程式設計指令為主，當工作狀況發生變化時，需要編寫新的指令進行調整。如今，生成式 AI 的出現也帶來了新的智慧化改造思路，允許機器人或機械手臂透過模擬學習物體是如何相互作用的，而不是僅僅依靠預設程式設計的指令完成工作。

機器人控制

本節談論的機器人，僅限於工業機器人。按照 ISO 8373 的定義，工業機器人指的是工業領域的多關節機械手臂或多自由度的機器人。它是自動執行工作的機器裝置，靠自身動力和控制能力來實現各種功能的一種機器。工業機器人最早誕生於 1954 年，美國人喬治・德沃爾（George Devol）第一個提出工業機器人的概念。

1959 年，德沃爾與另外一個合夥人共同建立的 Unimation 公司生產出了第一台工業機器人 Unimate（圖 4-10），由此開創了機器人發展的新紀元。

圖 4-10　工業機器人鼻祖 Unimate

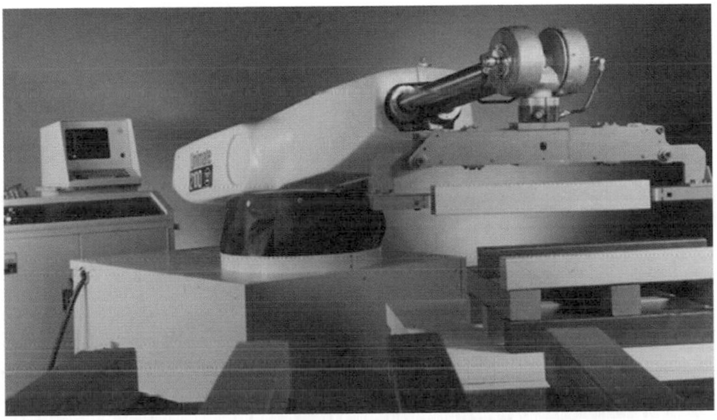

圖片來源：https://www.roboticscareer.org/news-and-events/news/23300

　　最初的 Unimate 重達 2,700 磅（相當於 1.2 噸），功能也比較單一，安裝在壓鑄產線上用於運輸壓鑄件並將其焊接到位。隨著產業格局的變化，為順應不同製造產業的要求，工業機器人的精密程度不斷提升，所具備的能力也越來越強大。如今，不管是在汽車、金屬、化工、醫藥等傳統產業，還是在手機、平板、智慧穿戴裝置等新興產品的生產線上，都可以看到工業機器人的影子。

　　2022 年 12 月，ABB（總部位於瑞士的電力和自動化技術廠商）推出占地面積僅 135mm×250mm 的史上最小六

軸工業機器人 IRB 1010（圖 4-11）。這款機器人可以精確
處理可穿戴裝置內的各類小型元件，正是順應了如今快速發
展的可穿戴智慧裝置內市場，各大製造商對於在電子產線狹
小的生產空間內完成快速生產的迫切需求。

圖 4-11 **史上最小六軸工業機器人 IRB 1010**

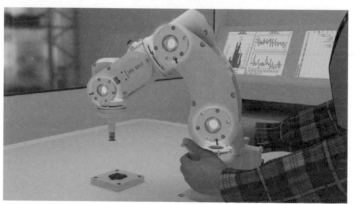

圖片來源：https://new.abb.com/news/detail/95706/prsrl-abb-unveils-smallest-
industrial-robot-with-class-leading-payload-and-accuracy

隨著工業機器人的應用越來越廣泛，不同情況下的控
制需求也變得越來越複雜。目前，大部分工業機器人還是採
用比較基本的空間定位控制方法，這是最簡單也最常見的方
式，是透過程式完成一連串固定的動作，並且不斷重複地執

行。這種方式已經非常普遍了，對特定環境下的自動化工作相當有效，但缺點也很明顯，工作環境只要稍微發生變化，就會導致機器人運作出錯。以碼垛機器人為例，工件的位置和擺放角度要是發生變化，機器人就可能無法準確抓取工件，以至於無法完成後續工作。

現在已經有技術嘗試增加機器人的視覺感應能力，透過工業視覺技術，讓機器人自動辨識工件的位置，動態改變機器人的移動距離或抓取角度，提高機器人對複雜工作環境的適應能力。但即使這種優化，也僅適合相對簡單的情況。

如今工業生產製造過程中，使用者對機器人的通用能力要求不斷提高。例如工件不僅位置會發生變化，其形狀、重量、硬度都會發生變化，不同規格的工件也需要分情況處理，讓機器人自如應對這種多樣性要求，成了機器人研究人員的新挑戰。

為了解決這些問題，Google 機器人團隊提出了 Robotics Transformer 1（RT-1）。沒錯，就是我們之前聊過的那個 Transformer 模型，RT-1 可以理解成 Transformer 在機器人控制領域的自然應用。這是一種多工模型，可以準

確地將視覺設備採集的即時畫面與指令要求的文字描述，轉化成機器人最終的動作序列，進而在運作時展現高效推理，使即時控制成為可能。

這個過程如圖 4-12 所示，文字與圖像資訊首先經過一個叫作 FiLM EfficientNet 的卷積神經網路進行預處理，這將生成一個中間編碼向量。這個向量最後會透過一個 Transformer 模型轉化為機器人能理解的一系列操作指令。機器人最終也會依序執行這些指令，完成此任務要求。

Google 的研究人員蒐集了一個大型的測試資料庫，該資料庫有超過 13 萬個影片檔，其中包含 700 多個任務，動用了 17 個機器人，前後歷時 13 個月完成。在這個基礎上，

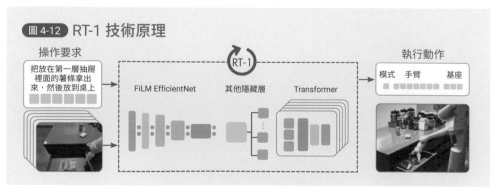

圖 4-12 RT-1 技術原理

操作要求　　　　　　　　　　　　　　　　　　　　執行動作

把放在第一層抽屜裡面的薯條拿出來，然後放到桌上

FiLM EfficientNet　　其他隱藏層　　Transformer

RT-1

模式　手臂　基座

圖片來源：Anthony Brohan, et al, "RT-1: Robotics Transformer for Real-World Control at Scale"

他們以 RT-1 為樣本研發了一台機器人，該機器人目前的技能包括挑選物品、放置物品、打開抽屜、關閉抽屜，以及將物品放進、拿出抽屜等。

　　研究人員在不同面向對 RT-1 的通用能力進行了測試，例如先前未見過的指令、對其他物體的抗干擾性、對不同背景和環境的適應能力，以及結合所有這些元素的現實場景（圖 4-13）。測試顯示，RT-1 在以上這些測試場景下都表現良好，明顯優於同類型模型。

圖 4-13　RT-1 機器人在不同面向的通用能力測試

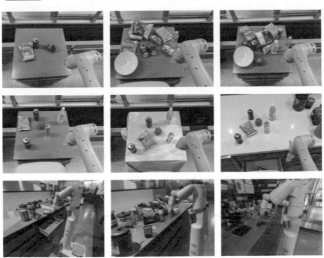

圖片來源：Anthony Brohan, et al, "RT-1: Robotics Transformer for Real-World Control at Scale"

RT-1 可以說為工業機器人具備更通用的應用能力提供了一個不錯的解決方案，我們相信，透過參考這種機器人的訓練和應用方式，不同的應用領域必定會出現更多通用能力更強、智慧化能力更高的機器人。

 ## 多機器人協作

我們已經介紹了透過現今的強大模型，可以為工業機器人加入更多智慧，提升機器人的工作效率。但是單一機器人的工作能力始終是有限的，有時候依靠單一機器人難以完成生產目標，人們迫切需要研究新的方向來滿足製造領域中的實際需要，於是多個機器人協作的方式進入了研究人員的視野。

與單一機器人相比，多個機器人組成的系統展現了一定的優越性。首先，多機器人系統承載能力強。多機器人系統是一個群體，每個機器人各自工作的同時還能協調配合其他機器人的工作，使得工作時間大大縮短，有效提高了生產效率。其次，多機器人系統容錯能力強。在多機器人系統中，每個任務可以由多個機器人參與，不完全依賴一個機器人，

一旦某個機器人出現故障，可以透過控制調配系統，交由其他機器人完成任務，以此降低系統整體的出錯機率。

由此可見，多機器人系統的協作控制至關重要，這也是多機器人系統的核心研究主題之一，特別是現今蓬勃發展的人工智慧如何在這方面提供新的思路，值得我們共同思考。事實上，已有研究人員針對鉸接式物體的多機器人協作操作進行研究，證明了生成式 AI 確實能產生正面的影響。

什麼是鉸接式物體？鉸接就是用鉸鏈把 2 個物體連接起來的一種形式，鉸鏈則是一種用於連接或轉動的裝置，使門、蓋子或其他擺動部件可藉此轉動，透過鉸鏈轉動的門是最常見的鉸接式物體，而開關門只需要一隻手完成，因為鉸鏈連接的另一個物體——牆是固定不動的。這裡我們討論的鉸鏈連接的物體都是不固定的，最簡單的例子就是剪刀或者鉗子，小的剪刀或者鉗子只需要 2 根手指控制，大的則需要 2 隻手。工業上，類似的物體就需要多個機器人協作操作。這種看上去簡單的操作，對機器人來說卻很難處理。

研究人員專門設計了一種叫作 V-MAO 的方案來應對這種場景。具體的做法是：給予 1 張鉸接式物體和場景的

RGBD 掃描圖（即在原有色彩圖的基礎上增加了深度資訊，表示與感測器之間的實際距離），基於這張掃描圖我們使用生成模型來學習每個機器人手臂正確的操作接觸點分布。如圖 4-14，第二個機器人手臂（第二行）的生成模型以第一個機器人手臂（第一行）執行的動作為條件。

圖 4-14 V-MAO 工作原理

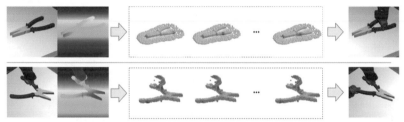

圖片來源：Xingyu Liu, Kris M. Kitani, "V-MAO: Generative Modeling for Multi-Arm Manipulation of Articulated Objects"

這個過程中，研究人員創新地將多機器人操縱協作的問題轉化為這樣的數學過程：「鉸接式物體各剛體部分的點分布資料」到「多機器人操作接觸點」的生成模型，以分層方式學習局部和整體特徵。

這裡也同樣用到了我們之前介紹的編碼器和解碼器結

構，這個結構被用於處理三維點陣雲的幾何結構和點特徵分布。測試透過在制定的模擬環境中部署該方案進行，經過測試，這一方案在六種不同的物體和兩種不同的機器人上表現出很高的成功率。這也證實了生成式 AI 透過學習複雜工件的接觸點分布，可以有效地實現智慧化的多機器人協作控制。

工業品檢

　　工業品檢是生產製造中最重要的環節之一，所有產品的生產產線幾乎都有品檢環節，只有通過品檢環節的產品才能進入市場，也只有品質經得過市場考驗的產品才能長期、穩定發展，品檢工作的重要程度可見一斑。當然，針對不同的產品，其品檢的內容和要求也不同。例如，瓶裝飲料需要品檢其外包裝是否黏貼完好，生產日期、有效期限是否印刷清晰；汽車零件需要品檢其表面是否有刮痕，是否採用正確的倒角。

　　傳統工業品檢依靠人力，這種方式存在很多問題：不同品檢員檢測標準不統一，甚至每個人自己的檢測標準也會有變化；工作負荷高且單調，品檢員很容易疲勞且注意力不集

中，進而導致誤檢率和漏檢率上升；培訓成本高、週期長，品檢員的工作經驗無法直接複製，若其調職務或者離職，需要花費同樣的時間和精力重新培訓新的品檢員。

現今，很多企業都已經認識到傳統品檢方式的弊端，轉而使用更為智慧的 AI 品檢方式。如圖 4-15，AI 品檢利用深度學習的視覺檢測技術，在工業生產過程中，對產品圖像進行視覺檢測，進而幫助發現瑕疵，再結合後續的運動控制結構，對缺瑕疵品進行剔除，真正有效排除品質隱患。

AI 品檢替代傳統的品檢方式已經是必然趨勢，但依然存在一個問題：一般情況下，基於深度神經網路的視覺模型

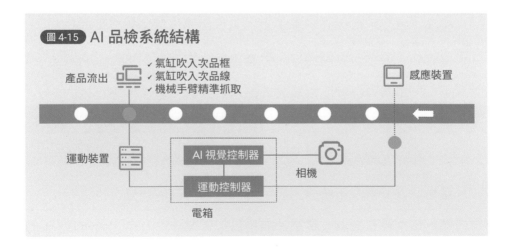

圖 4-15　AI 品檢系統結構

需要一定數量並且涵蓋多種類型的瑕疵品圖片來進行訓練；然而，某些情況下，很難蒐集涵蓋所有可能特徵的瑕疵資料庫，尤其是對於不明顯的瑕疵。一方面是因為這種瑕疵品圖片在實際的生產過程中很難被發現，又確實存在；另一方面是因為現場的採集工作費時費力，瑕疵品圖片的數量和品質很難保證。如此一來，視覺模型就很難達到良好的效果，AI 品檢也會存在漏檢率或者誤檢率偏高的情況。

關於這個問題，我們會採用一種樣本增強的技術來對瑕疵庫進行補充。而傳統的樣本擴增方法無非是對原始圖片進行各種方式的變換，常見的有平移、旋轉、縮放、翻轉等等，這種方法對於只有少量樣本的產品效果有限。隨著生成式 AI 的發展，出現了一種新的解決方案來解決這個問題，即利用生成式 AI 模型對瑕疵品圖片進行生成，再利用生成出來的圖片進行視覺模型的訓練。

在這個過程中，透過 2 個步驟對瑕疵品圖片進行擴充。第一步，對於同一個瑕疵類型，設計不同瑕疵位置的圖，可以透過人工建構或平移等方式生成，我們把這些圖稱為種子圖。第二步是重點，對於每一張這樣的種子圖，生成不同瑕

疵強度的圖片，如圖 4-16 所示，每一行從左到右，瑕疵強度都逐步下降，各自生成 6 張不同強度的瑕疵品圖片，實際操作過程中可以生成更多。這樣一來，瑕疵品資料庫就一下子變多了。

圖 4-16 指定瑕疵類型生成不同瑕疵強度圖片

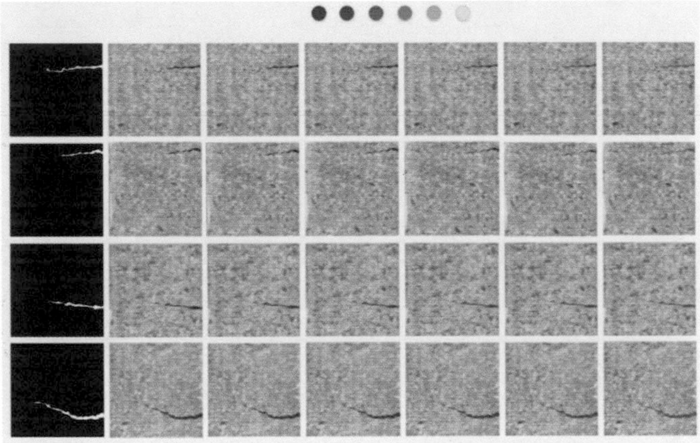

圖片來源：Shuanlong Niu, et al, "Region-and Strength-Controllable GAN for Defect Generation and Segmentation in IndustrialImages"

透過這種方式，模型對低對比度瑕疵的檢測能力顯著提高，整體檢測性能也顯著提升，而這讓我們看到，生成式 AI 已經在 AI 品檢領域產生了顯著的作用，也讓更多情況下的 AI 品檢應用成為可能。

　　生成式 AI 模型，看似只是在文本和圖像理解以及生成方面帶來特有的技術優勢，但其實作為強大的通用基礎模型，給傳統產業的智慧化提升帶來幫助。生成式 AI 模型在工業控制和品檢方面的成功應用，也充分證實了這一點。由此出發，借助成熟的生成式 AI 模型，實現對傳統製造過程中不同設備的智慧化改造，將是未來我們持續關注的焦點。

4-3

供應鏈管理：
庫存計畫自動程式設計

供應鏈是生產和交付產品或提供服務給最終使用者的網絡結構，它從原物料供應商一直延伸到最終消費者，涉及原物料供應商、製造商、經銷商、零售商以及最終消費者等角色。

供應鏈管理是針對從終端消費的客戶，到供應商上游的物流、資訊流和金流的整合管理，目的是最大程度提供價值給客戶，同時極力降低供應鏈的成本，包括直接成本、作業

成本和交易成本等。供應鏈管理的核心包括需求預測、庫存計畫、倉儲規劃、配送優化等領域，隨著供應鏈各環節中累積的資料越來越多，透過一系列以數據為基礎的管理方法，企業可以在供應鏈上達到降低成本、增加效率的目標。

供應鏈領域的 AI 應用

供應鏈領域從不缺乏數據，同時也非常依賴經驗。供應鏈管理者通常底下會有專業人員進行數據的統計和分析，他們的核心工作就是從各種數據中發現供應鏈運作中存在的問題，然後進行調整。儘管如此，最終判斷的結果還經常有誤。造成這種現象的原因主要是：不少供應鏈管理者的經驗和水準有限，他們針對營運數據，只能簡單粗略地根據自己的常識和經驗做出一些判斷。

雖然目前市面上常用 ERP（企業資源規劃）和 WMS（倉庫管理系統）等各種專業的資訊化系統，但是它們只能忠實地記錄數據，並不會給出建議。現有的資訊化系統缺少預警和預測未來的功能，也不會告訴管理者應該如何行動，加上供應鏈體系的複雜性和不確定性，導致許多供應鏈決策都是

落後的。因此,可以說傳統的供應鏈管理主要是基於經驗,一旦決策失誤就會造成龐大的成本浪費,使企業喪失競爭優勢,甚至帶來更嚴重的損失。

全球知名的管理諮詢公司麥肯錫公司預測,在供應鏈中使用人工智慧,企業每年能夠獲得 1.3 兆～ 2 兆美元的經濟價值。人工智慧為企業決策提供了助力,企業能夠透過人工智慧處理和分析大量的數據,了解真情況,然後做出合理的決策。眾所周知,當供應和需求不一致的時候,企業會供需失衡導致供應鏈失調,進而蒙受損失。人工智慧的預測能力有助於預測需求,並且規劃供應鏈系統,使得經售商化被動為主動。

物流公司也可以透過預測需求量,合理調配運輸資源,將運輸資源配置在預期需求大的地區,這樣可以降低營運成本。此外,人工智慧還可以進行複雜的情況分析和預測,並可以進行精確的倉儲規劃和庫存優化。

趨勢顯示,在未來幾年內智慧倉庫將成為主流,大型倉庫的管理將會完全實現自動化,人工智慧在其中也發揮著越來越重要的作用,成為不可或缺的角色。智慧倉庫是

一個完全自動化的設施，其中大部分工作是透過智慧型機器人來完成的，將繁瑣任務簡化，在成本控制方面也極具優勢。電商巨頭亞馬遜和阿里巴巴已經使用人工智慧改造了它們的倉庫。

亞馬遜公司在物流中心使用智慧型機器替代真人員工完成包裝等工作，一套名為 CartonWrap 的自動化包裝生產線，主要由分揀、裁切和包裝 3 個核心模組以及其他輔助模組組成。據報導，該機器在理想狀態下每小時可以完成多達 1,000 個包裹，包裝效率比人工高 5 倍。

阿里巴巴的智慧倉庫則透過一整套自動化系統，每天可高效率處理超過百萬件商品，目前貨品的運輸、倉儲、裝卸、搬運等環節可由自動化系統完成，人工僅需在條碼檢核和分揀機監督等環節投入，效率至少提升 30%，揀貨準確率接近 100%。

供應鏈領域中 AI 應用已經十分廣泛，並且令人興奮，可以優化供應鏈的各個環節，提高供應鏈的效率並節省成本。AI，尤其是生成式 AI 在需求預測和庫存管理兩個方面發揮著重要作用。

需求預測

供應鏈管理應該以市場需求為導向,而需求預測能夠在一定程度上展現出市場需要何種商品以及需求量是多少,所以需求預測是所有供應鏈計畫的基礎和核心。需求預測也是每個企業都應該高度關注的問題,只有需求預測做準了,才能展現企業與供應鏈的完美共舞。例如,中國華北地區的知名連鎖超市──物美超市,就是根據需求預測進行備貨和人力調度安排的。相比以前的傳統模式,它的商品缺貨率從 17% 降至個位數,庫存周轉天數從 27 天下降至 17 天。

傳統的需求預測一般採用徵詢銷售人員或專家意見的方式,來預測市場的需求量,或是採用基礎統計的方法,這些方法不僅工作量大、成本高,而且預測的準確度也不高。人工智慧的需求預測和傳統需求預測的差別,在於人工智慧預測會基於更多數據資料,這些數據資料整合在一起,可以幫助人工智慧時間序列模型進行需求預測,推算出未來一段時間內商品的需求情況。

具體來說,使用人工智慧進行需求預測時,可以將以下

的數據資料作為模型輸入。第一，商品特徵：基於合理設計的商品標籤系統，對商品相關的屬性、描述、圖片等多方面的特徵擷取與整合，構建完整的商品特徵資料庫。第二，歷史銷量：歷史銷量數據是建構時間序列模型的最基礎資料，而對歷史銷量數據的分析和處理，則是複雜而重要的一環。

第三，季節性因素：季節性因素是進行需求預測的重要特徵數據，隨著季節交替變換，需求量往往呈現某種規律。第四，促銷活動：促銷活動會帶來需求的變動，在進行需求預測時需要考慮過往促銷活動中的銷售表現，還要考慮未來新的活動方式帶來的變化。如圖 4-17，某商品需求量的預測值和實際值非常接近。

在零售場景中，人工智慧可以更準確地預測商品的需求。利用人工智慧的需求預測，對未來 2 週預測的準確率能夠達到 75% ～ 85%。相對而言，運用傳統策略加上人工經驗的方法，需求預測的準確率一般最高只有 70%。同時，利用人工智慧的需求預測也可以顯著地降低庫存周轉天數，提升效益。例如，生鮮食品透過人工智慧需求預測可以優化庫存管理、減少生鮮損耗、降低經營風險。

圖 4-17 AI 需求預測值和實際值對比

隨著人工智慧技術的發展，生成式 AI 能夠更加準確、快速地協助需求預測。在前文中，已經介紹了 seq2seq 模型，用於需求預測的模型架構參見圖 4-18。實驗證明，可以使用 seq2seq 模型在不同銷售地點和不同時間點，針對不同商品進行需求預測，進而降低需求預測工作的複雜度。相比於其他幾種模型，seq2seq 模型以較低的運算成本完成了優異的需求預測效果，能夠高效率地應用在供應鏈領域。

圖 4-18 是用於需求預測的 seq2seq 模型架構。在

seq2seq 架構圖中，左邊的框裡顯示了編碼器，它輸入歷史
銷售額以及其他與時間相關的額外數據，並返回最後一個單
元的隱藏向量作為輸出。架構圖的中間顯示了上下文條件模
組，該模組接收來自編碼器的輸出資料，並將其與不隨時間
變化的靜態資料連接起來。

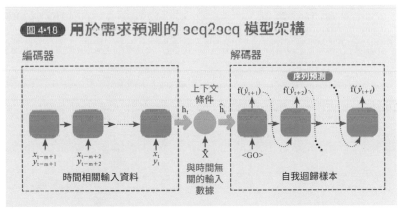

圖片來源：Iván Vallés-Pérez, etal, "Approaching Sales Forecasting Using Recurrent Neural
Networks and Transformers"

最後，在右邊的框裡，解碼器接收上下文條件模組的輸
出資料作為初始狀態，並向第一個迴圈單元提供一個特定的
符號，解碼器以自我迴歸方式生成序列預測。以上就是生成
式 AI 的 seq2seq 架構，在實務中能夠準確且高效地對市場

需求進行預測，進而精準地進行供應鏈管理。由此可見，生成式 AI 不但「能說會道」、「能寫會畫」，還可以成為供應鏈中有價值的工具，提供見解和預測，推動供應鏈管理的智慧化。

 庫存管理

供應鏈的庫存管理不應該理解為簡單的需求預測與商品補充，而是要透過庫存管理的方法來進行服務品質和企業利潤的提升。通常，庫存管理的主要內容是採用分析和建模技術來評估庫存策略的效果。在決定經濟訂購量，即訂貨成本和庫存成本最低的採購批量時，應考慮供應鏈各環節的影響，在充分了解庫存狀態的前提下確定適當的策略。有效的庫存管理可以讓企業各方面資源平衡利用，降低供應鏈缺貨和滯銷等風險。

庫存管理不僅僅是完成客戶採購後將貨物運送給客戶的工作，它需要在客戶採購之前就準備好，這需要非常精確的預測。庫存過多可能造成滯銷，意味著收入損失，庫存不足意味著短缺和客戶不滿。傳統庫存管理依賴人工經驗，常面

臨斷貨和庫存過多兩者並存的問題，僵固、不懂變通的供應鏈難以適應需求變化。

人工智慧可以透過學習，準確預測消費者對特定商品的需求，可以對不斷變化的趨勢做出反應。具體來說，人工智慧基於預測和優化演算法，結合商品歷史銷量、季節性、促銷等多方面因素，可以動態調整安全庫存（即面對未來物資供應或需求不確定性而準備的緩衝庫存）、補貨點、補貨量等，制訂最佳庫存管理方案。在進行庫存管理時，也需要考慮區域需求、季節性變化等因素，並準確地預見商品是否會從貨架上出售或在倉庫中滯銷。如此一來，在每個銷售週期內，當庫存下降到補貨點時，就可以按最佳方案進行補貨。

我們知道，庫存管理的服務水準越高，安全庫存越大，成本也就越大，但服務水準過低又將失去顧客，因此確定適當的服務水準是十分重要的。利用人工智慧庫存管理，能夠合理設計安全庫存並精確計算補貨的時間點，制訂多元化的補貨計畫，並且即時洞察消費者的需求變化，在必要時動態調整補貨計畫，進而使企業能夠提高庫存管理的效率，可以在降低成本的同時提高客戶滿意度。

然而，現實情況有其複雜的一面，許多大型生產網絡，可能涵蓋數千種最終產品以及數萬甚至數十萬種原物料和中間產品，這些網絡面臨著非常複雜的庫存管理決策。以往的庫存模擬方法在概念上設計得很簡單，能夠對普通的庫存系統進行建模，但要應對這種「大規模庫存」問題，可能就捉襟見肘了。

主要原因是這樣一個系統，在數學上往往涉及成千上萬的抽象節點，如果模型設計得不好，建構這些節點以及它們之間關係的內部結構，消耗的時間和資源將是無法估計的，而且一旦涉及庫存管理優化，新建立起來的優化問題也是難以解決的。對於這種「大規模庫存」問題，採用生成式 AI 中常用的序列模型來構建庫存模型，是一種效果不錯的方法，我們來看一下具體是怎樣操作的。

我們發現庫存模型和 RNN 模型非常相似，RNN 模型我們在前文介紹過，它能夠對時間序列資料進行建模，在每個時間節點接收當前時間節點的輸入和上一個時間節點的輸出，然後計算得出當前時間節點的輸出。庫存管理模型的相似之處在於，庫存系統每個時間節點和 RNN 一樣都對應 3

個重要部分，首先是輸入，這裡對應的是來自外部的需求；
其次是內部網路結構，這裡對應的是庫存複雜的網絡結構；
第三是輸出，這裡對應的是庫存管理成本。

　　最重要的是，每個時間節點都透過序列的方式，影響著
後續的每個時間節點（圖 4-19）。庫存的優化問題，則轉
換為這個序列模型的訓練問題。

　　據估計，序列模型這種方法，可以使庫存管理模型計算

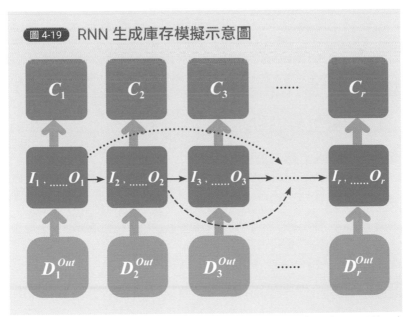

圖片來源：Tan Wan, L. Jeff Hong, "Large-Scale Inventory Optimization: ARecurrent-Neural-Networks-Inspired Simulation Approach"

的效率提升上千倍，也足以應對更多「大規模庫存」問題。當然，其中涉及更複雜的技術細節，比如在圖 4-19 中間一行的框中其實隱藏著非常複雜的網路結構。需要強調的是，將庫存管理模型與序列模型結合在一起是非常好的方法，如今隨著生成式 AI 的發展，序列模型的形態也更多樣化，譬如我們在前文介紹的注意力機制，應該能夠對庫存管理模型的建構帶來更好的效果。而我們也期待著，未來有更多有效的生成式 AI 模型應用到庫存管理的過程中。

　　總之，隨著人工智慧在供應鏈領域的應用加速，供應鏈管理中的諸多複雜問題（例如需求預測、庫存管理），可以由生成式 AI 提供解決思考方法和解決方案。透過需求預測，人工智慧能夠使供應鏈的各個環節互相配合，並且可以協調資源在供應鏈上做最好的分配。

　　在庫存管理中，人工智慧針對安全庫存和經濟訂購量等的管理，能提出即時、準確的預警和建議，並為調撥和補貨等決策提供具體的建議和方案。在倉庫管理中，人工智慧可以協助管理者進行資源的調度，提供即時作業資料及預警。在倉庫的具體作業中，人工智慧可以協助進行揀選路徑規

劃，並透過倉庫機器人實現執行過程的全自動化。

供應鏈領域中人工智慧的應用已經十分廣泛，雖然應對複雜情況的能力仍然在探索中，但可以相信的是，利用生成式 AI，一定能協助管理價格、庫存、倉儲、配送等供應鏈的多個領域，進而落實更加優化的資源配置。

拋開供應鏈相關資料的整合和連接等問題，生成式 AI 的興起必然會給供應鏈領域帶來快速進步。可以想像到的是，基於決策式 AI 的預測和判斷能力，由生成式 AI 透過學習和模擬提出建議或方案，最終由管理者做出決策的模式，在不久的將來便會實現，這才是供應鏈管理者所期待的。

市場行銷：
行銷文案不再發愁

在人工智慧時代，企業在和客戶的往來過程中會累積大量的數據，企業的決策在很大程度上是用數據為基礎。對於市場行銷這個高度依靠數據資料的專業，人工智慧技術天然與其契合。

例如，當我們打開手機瀏覽網頁或影片時，系統會很精準地推送一些我們感興趣的文章、影片或直播；當我們瀏覽購物網站時，我們想要的或者感興趣的產品似乎與我們「心

有靈犀一點通」，統統出現在我們眼前，等待著我們擁有它
們；諸如此類。這就是人工智慧的魅力，用決策式 AI 來鎖
定精準目標，為使用者匹配個性化的產品以及內容，已經成
為行銷領域的標準作業。

　　隨著生成式 AI 技術的突破，它在市場行銷中的應用日
益廣泛，必將給行銷活動帶來更多的應用範圍。例如，生成
式 AI 憑藉其強大的生成能力，可以創作行銷活動需要的創
意素材。然而，生成式 AI 的價值遠不止生成內容，品牌可
透過跨模態內容生產效率的提升，全面深入進行全方位的行
銷，在消費者購物的不同階段，生成不同內容激發其興趣，
加深客戶對品牌的認知。

　　例如，最近風靡中國廣受歡迎的文心一言等工具，可以
在和潛在客戶聊天的過程中，透過推薦商品或內容引起他們
的注意；對於已經購買的客戶，文心一言可以變身為客服人
員，個性化地陪伴他們，讓他們願意花更多時間了解品牌，
藉機幫助品牌更深地融入客戶內心，提高後續的轉化和回購
率。透過協助品牌對消費者生命週期的管理，生成式 AI 也
由淺至深地滲透到品牌的日常行銷活動。

　　下面我們就從行銷方案、行銷文案和圖片、行銷溝通這 3 方面展開介紹，來理解生成式 AI 是如何幫助企業在行銷活動中提升效率，為客戶提供個人化服務。

 ## 行銷方案

　　一般來說，企業的行銷數據並未在內部完全串聯起來，所以目前的人工智慧很難做到自動生成企業整體的行銷策略，但在具體的行銷各別應用中，人工智慧自動生成一個可執行的方案還是完全可行的，這樣的各別應用也十分常見，例如廣告投放。事實上，目前的廣告投放系統已經大量採用基於機器學習的決策式 AI 自動優化廣告效果，且決策式 AI 已逐步取代了原本屬於廣告優化師的工作。所以，說決策式 AI 已經是廣告投放的基本工具，一點也不為過。

　　但是，隨著 AIGC 在各行各業開始應用，我們不僅希望透過人工智慧來優化廣告投放的效果，更希望廣告的投放計畫就是 AI 生成的。你可以向 AI 輸入預算、投放目標、目標族群、合作媒體、要傳播的資訊等條件，就像提供 AI 作畫的提示詞一樣，然後生成式 AI 就能自動輸出一個最優的投

放方案。

沿著這樣的思路，我們同樣可以將決策式 AI 和生成式 AI 結合起來，而這樣也很有可能將數位廣告的投放推向一個革命性的新時代。數位廣告（尤其是成效型廣告）的條件和參數，都具有高度結構化，產生的行銷結果確定性高且能夠即時提供回饋。

所以，利用 AI 的決策和優化能力可以發揮顯著作用：一方面，決策式 AI 能夠即時調整並優化廣告投放；另一方面，在廣告投放前利用生成式 AI 制訂的方案，也能夠根據廣告投放的實際效果自動加以優化。透過這樣的方法，AI 最終選定的方案，可能比行銷人員構思出來的更加厲害，實際效果可能更好！就像 Diffusion 模型會生成一些普通人看來匪夷所思的畫作，但很多專業畫家都會從中尋找靈感。

下面，我們來看一個國外的案例：全球領先的行銷 SaaS（軟體即服務）公司 Adobe 會利用人工智慧優化行銷預算分配，也能根據不同的情況進行更有效的規劃，人工智慧會透過一系列複雜的機器學習演算法，將行銷評估與規劃

結合起來。使用者在人工智慧的幫助下，可以將不同來源的數據資料分析時間從數月縮短至數週，更有效率地執行行銷活動。

具體來說，該產品可以生成最佳行銷預算分配方案，以最有效的方式提高投資報酬並達成設定的收入目標；還可以了解客戶在不同管道和時間的行為，然後優化他們在整個消費過程中的體驗。這些由人工智慧生成的行銷方案曾幫助眾多企業達到可觀的投資回報。

在中國，藍色光標集團旗下的銷博特（XiaoBote）推出了 2022 元創版本智慧策劃模組，該版本主要聚焦行銷規劃時的多人共同創作。通常，行銷團隊發起行銷企劃案時，需要多種角色的人才組成專業小組，經過初步規劃、資料分析、腦力激盪、媒體規劃等多輪溝通交流，歷時數週才能完成。

而使用銷博特發布的智慧策劃模組，使用者可以在該功能模組中填寫簡報，而後發起一個行銷企劃項目，由人工智慧在 30 分鐘內生成一個行銷方案。然後用戶可以邀請團隊成員加入，查看已經創建好的行銷方案，加入的成員可以

一起參與討論，提出自己的想法和修改意見。如此一來，可以簡化行銷企劃的過程，最終將行銷企劃形成的時間縮短到 2 ～ 3 天。

 ## 行銷文案和圖片

　　令行銷人最痛苦的可能就是如何產生好的創意並低成本地去實現它，難怪有行銷專家說，早期自己提升寫行銷文案水準的基本功，就是靠蒐集幾萬個創意，然後背文案。而現在，行銷人員可以用 AIGC 工具快速生成文案和圖片，然後從中挑選，這樣大幅提高了工作效率。

　　前文提到的 Stable Diffusion、Midjourney、DALL·E 2 等熱門圖片生成工具，都展現出驚人的圖片創作能力，而 ChatGPT、GPT-4 和文心一言等工具在文案生成方面也各有千秋。除了和上述工具相關的公司，其他新興公司也在人工智慧生成行銷內容方向積極布局和嘗試。Jasper.ai 的核心產品正是透過生成式 AI 幫助企業和個人撰寫行銷文案等各種內容。同樣，Copy.ai 也透過生成式 AI 來幫助用戶在幾秒鐘內生成高品質的廣告和行銷文案。

　　Persado 則透過使用行銷文案中各種元素（如敘事、情感、描述、格式等）的不同組合來進行多項實驗，得出與每個客戶對話的最佳表現資訊。隨著每次活動中新的數據源源不斷地產生並輸入模型，Persado 背後的機器學習模型的效果也不斷提高。這種個性化文案生成工具，為電腦巨頭戴爾公司帶來了令人欣喜的成績：點擊率平均成長 50%，轉換率平均成長 46%，「放到購物車」的比例平均提升了 77%。

　　在行銷文案領域，Phrasee 同樣是一家值得關注的公司。它可以在社群媒體、手機推播和電子郵件等多個管道自動生成行銷文案，使客戶的行銷資訊獲得更高的開啟、點擊和轉換。Phrasee 的一大特點是其人工智慧生成的資訊總是以品牌的聲音出現，進而使受眾產生良好的共鳴。

　　客戶對其回饋也很正面：英國旅遊業巨頭維珍假期（Virgin Holidays）表示，Phrasee 的人工智慧使他們的電子郵件收入增加了數百萬英鎊；達美樂披薩的一位負責人也表示，在使用 Phrasee 後，他們的電子郵件效果有顯著提升。美國連鎖藥局 Walgreens 甚至利用 Phrasee 人工智慧生成

的內容，來增加和顧客的互動，提升其新冠疫苗接種率。

　　下面，我們把視線轉移到生成式 AI 在行銷圖片中的應用案例上。德國電商平台 Zalando 擁有大量的品牌和客戶，其行銷部門會幫助平台上的品牌以數據資料進行更有效的行銷活動。在生成創意行銷圖片方面，Zalando 的研究人員為其合作品牌提供了一種十分先進的解決方案：客戶可以將模特兒的服裝顏色或身體姿勢轉移到不同的模特身上。透過這樣的生成式 AI 方案，品牌可以更加快速地製造行銷圖片，避免許多重複性工作（圖 4-20）。

圖 4-20 **將衣服顏色和模特姿態**（第一行）**套用到風衣上**（第二行）

圖片來源：Gökhan Yildirim, et al,"Generating High-Resolution Fashion Model Images Wearing Custom Outfits"

　　我們再來看一下 Adobe 在 2023 年 3 月推出的名為「螢火蟲」（Firefly）的創意生成式 AI。透過 Firefly，Adobe 可以把 AIGC 的「創意元素」直接套用在使用者的工作中，提高創作者的生產力。在這款應用程式中，使用者可以用「橡皮擦工具」擦掉模特身上的衣服，並輸入「紅夾克」（A red jack）這樣的文字描述，瞬間就能幫模特換上紅夾克。並且，這款生成式 AI 工具還能調整模特兒臉部的細節，包括年齡、笑容和睜眼幅度等。我們期待 Adobe 公司儘快把這款新潮的生成式 AI 工具融入其旗下一系列產品，這會大幅提高行銷人員創作圖片的效率。

　　在中國，騰訊自行研發的深度學習大模型——騰訊廣告混元 AI 大模型就是廣告系統理解內容的核心引擎。騰訊廣告混元 AI 大模型，具有千億參數，能夠準確理解文字和圖像中蘊含的各種資訊，它甚至可以把文字、圖像、影片作為一個整體來理解，這樣不僅對廣告的理解更準確，也更符合用戶對廣告的整體感受。

　　我們平時使用網站或者手機的時候，總能看到一些廣告內容，這些廣告背後的「推薦人」可能就是混元 AI 大模型。

混元 AI 大模型的跨模態理解能力可以精準地將廣告推薦給合適的族群，提高用戶體驗以及廣告效果。除了理解已有的廣告內容，混元 AI 大模型還有文字、圖像和影片綜合生成能力，可以大幅度提升行銷內容製作的效率。

其中，「圖生影片」功能可以將靜態的圖片自動生成不同樣式的影片廣告；「文案助手」功能可以幫廣告自動生成更恰當的標題，進而提升廣告的效果；而使用「文生影片」功能，未來只需要提供一句廣告文案，就可以自動生成與之對應的影片廣告。這樣的生成式 AI 大模型，已經將行銷文案和圖片的創作工作大幅簡化，製作成本也顯著降低。

 ## 行銷溝通

行銷溝通是指企業或行銷人員透過特定的工具，將企業和商品資訊、構想和情感傳遞給消費者的過程，包括廣告、公關（口碑）、促銷、通路行銷和直銷方式。下面，我們主要分析 2 種具體的行銷溝通方式：電話銷售和直播帶貨。

電話銷售是一種常見的行銷方式，主要是幫助企業透

過即時通話來達成銷售目標。其優勢在於能夠快速、有效地與客戶溝通，傳達企業或商品的資訊，建立良好的口碑，藉此達成企業的銷售目標。例如，在教育方面，當新課程推出時，電話行銷自動撥號語音系統可幫企業自動執行撥號任務或者使用電腦自動播號系統進行聯繫，將有意願的學員打來的電話轉到人工接聽，提升服務效率。

同時，系統將有意願的客戶登錄在 CRM（客戶關係管理）系統，記錄與客戶的溝通內容、後續計畫以及確定下次聯繫進時間等，即時提醒銷售或者客服人員進行二次電話接觸。企業管理者也可即時查看銷售工作情況，例如通話錄音、接聽率、通話時間等，這些資訊可以幫助管理者更深入地了解客戶。

雖然在電話銷售行業，電化行銷自動撥號語音系統已經被廣泛的使用，但是傳統人工智慧溝通的效果似乎並不太理想。主要表現為：第一，撥號系統無法理解複雜對話和解決複雜問題，目前可以做的就是初步篩選客戶意願，因此撥號系統還是需要配合人工一起使用；第二，訓練、設置和優化撥號系統的成本較高，通常要針對業務內容進行客製，這就

需要企業評估投入效益。

　　正是由於傳統電話行銷自動撥號語音系統在溝通中不夠智慧，隨著 AIGC 的發展，「更懂你」的撥號機器人應運而生。比如，為了提升智慧自動撥號服務的效率和有效性，優化人機互動體驗，人工智慧服務商百應科技公司從 3 方面探索了 AIGC 與電話撥號系統的結合：第一，將類似 ChatGPT 的模型納入 AI 中控引擎，將其作為一個回答來源，進而提升回答客戶問題的準確率，這也能使對話更加自然。

　　第二，在任務式對話中，常透過文本分類等方式來理解用戶意圖，這種方式涉及相似問題的補充和新類別的發現，可以利用類 ChatGPT 模型結合對話內容來分類；第三，當撥號機器人主動去聯繫客戶時，需要 AI 專員配置任務流程和知識庫，類 ChatGPT 模型可以輔助 AI 專員提高工作效率，同時提升機器人的對話流暢度，優化對話體驗感。相信在不久的將來，搭載了 AIGC 的自動撥號機器人會給你帶來全新的通話體驗。

　　如果說電話行銷自動撥號語音系統是行銷溝通的「幕後英雄」，那麼虛擬主播已經走向前臺來展現無盡的風采。虛

擬主播是指使用虛擬形象活躍在網際網路的主播。在中國，虛擬主播普遍被稱為「虛擬 UP 主」（virtual uploader）。虛擬主播可為觀眾提供 24 小時不間斷的商品推薦介紹以及線上服務，發揮其成本低、效率高、任勞任怨的特有優勢，為商家直播降低門檻。除此之外，虛擬主播還不存在「人設崩塌」的情況，虛擬主播的人設和言行等都由品牌方掌握，比真人可控制，安全性也更強。

2022 年中國「雙十一」期間，各大電商平台直播頻道都出現了虛擬人的「身影」，越來越多的商家開始使用虛擬主播。半夜時分，在各大美妝品牌旗艦店的直播頻道，幾乎都能看到虛擬主播的「身影」。例如，京東美妝虛擬主播現身巴黎萊雅、歐蕾、聖羅蘭等 20 多個美妝大品牌直播頻道，24 小時不間斷直播，以專業的美妝知識和講解技能在直播頻道為消費者答疑解惑，提供高效、精準的購買體驗。

你可能聽過由中國魔琺科技打造的虛擬偶像翎 Ling，「有光」虛擬直播就是魔琺科技推出的一款產品。該產品的一般用戶版虛擬直播僅需 1 個攝影機和 1 台筆記型電腦即可完成，大大降低了企業的成本。該產品可以為品牌生成品牌

主題的 3D 虛擬直播場景，打造精緻的 3D 虛擬形象、直播即時互動禮物 3D 玩法，並結合品牌需求對角色姿態、表情、動作、才藝技能等給出客製方案。

　　虛擬主播的背後離不開先進的生成式 AI 技術，魔琺科技的主要技術包括：智慧建模和智慧綁定技術、智慧表演動畫和變聲技術、基於文本的動畫和語音生成技術、預製動畫和即時動畫拼接技術、即時計算和影像呈現技術等。在這些技術的支撐下，原創虛擬人妲己到珂拉琪（Colorkey）直播頻道「做客」就是利用「有光」一般用戶版虛擬直播實現的。在直播的畫面中，妲己換上了一頭酷炫紫髮、形象逼真，招牌的狐狸耳朵可愛動人。妲己介紹產品有模有樣，對各種口紅色號瞭若指掌，與一旁的真人主播合作，毫無違和感。

　　總之，隨著人工智慧的發展，生成式 AI 已經成為一個熱門話題。在行銷活動的各個環節，如行銷方案、行銷文案和圖片、行銷溝通等方面，生成式 AI 都能發揮重要作用。配合決策式 AI 鎖定精準客群並擁有個性化推薦的「超能力」，生成式 AI 可以提升企業行銷活動的投資報酬率，又能優化客戶體驗，為企業提升業績的同時打造良好的企業形象。

4-5

客戶服務：
貼心服務打動客戶

未來幾年，生成式 AI 的重要應用 —— 對話式 AI（Conversational AI）的商業化模式是清晰且可行的，它將在各個領域中逐漸替代人工客服。原因有兩點：第一，全球主要經濟體人口增長乏力，勞動力數量減少導致聘任成本上升，各產業有強烈的使用智慧客服機器人替代人工客服的需求；第二，智慧客服機器人相比人工客服可以創造更多價值，例如，智慧客服機器人可以完成更多人工客服無

法勝任的工作且效率更高，同時在解決一些問題的時候錯誤率也較低。

從產業角度來看，零售業、金融業和電信服務業等產業的客服需要密集的勞動力支撐，因此，這些產業的客服可能成為生成式 AI 進行人力資源替代的主要領域。下面，我們從客服領域的 3 個面向來看生成式 AI 如何給客服行業帶來全新的價值和體驗。

 更有效的溝通

隨著生活方式和行為模式的改變，消費者對服務的期待日益增長，服務模式也越來越個性化。近年來，越來越多的企業投入建設客服中心，中國客服中心座席規模逐年增長，保持年複合增長率 17% 的增長趨勢，2020 年已突破 300 萬個。隨著座席規模的逐年增長，企業的用人成本也逐年攀升，企業既要保證客服滿意度，又要控制相應的成本，因而對降低客服成本的需求日益強勁。

傳統客服工作量大，時常加班、值班及輪職，客服工作內容枯燥無趣，機械性重複工作居多，費時耗力，客戶

的投訴及刁難造成客服人員負面情緒積壓等原因，導致客服人員流動率高，因此造成企業招聘和培訓等成本變高。此外，對於客服中心而言，招聘難、員工工作效率低、高峰期需求波動大、考核績效管理耗時費力等，導致營運管理難度增加。這使得企業一方面無法滿足客戶需求，另一方面也無法發掘客服數據的價值，長此以往必然導致客源流失，業務增長乏力。

以上我們簡單總結了傳統客服的痛點，這也是智能客服所面臨的機會。伴隨人工智慧尤其是生成式 AI 的發展，智慧客服有望解決客服中心營運管理的難題，實現客服中心真正意義上的數位化、智慧化營運。

如今，生成式 AI 正在從各個方面改變我們的內容生態。對於互動式對話來說，生成式 AI 模型諸如 ChatGPT 的對話能力已經得到驗證，可以在實際應用中擔任客服人員的角色。

但是，智慧客服作為第一線服務客戶的商業要角，需要在明確的業務目標和服務目標的指導下，結合專業知識和業務邏輯來進行服務。換句話說，智慧客服需要為客戶提供準

確可靠的解答，最終解決實際問題。目前，ChatGPT 針對客服領域生成的回應還不夠準確，如果要在智慧客服領域中使用它，就需要結合實際的業務情況對 ChatGPT 模型進行微調，透過對其回應的審核和修正，不斷訓練以提高模型的專業能力。

創立於舊金山的客服自動化公司 Intercom 在這方面具有豐富的經驗。超過 25,000 家企業的客服團隊使用 Intercom 的解決方案，運用 AI 提升客戶服務一直是 Intercom 追求的目標。在 ChatGPT 發布後不久，Intercom 就迅速為其產品推出了一系列的人工智慧功能，期望應用生成式 AI 來幫客戶提高效率。

但應用效果顯然沒有達到預期，對於一些客戶的問題，ChatGPT 經常會因為找不到答案而進行編造，這是不能容忍的。

最近，OpenAI 發布的 GPT-4 上述問題顯著減少，因此，Intercom 迅速基於此構建了一個人工智慧驅動的客服機器人 Fin，它具有 GPT-4 的諸多優點，並且更加適合客服的業務需求。Fin 的設計理念如下：第一，使用 GPT 技術進行自

然交談；第二，使用受企業管理的資料回答有關的業務問題；第三，將不準確的回答降低到可接受的水準；第四，盡可能地減少人工參與。

Fin 基於最先進的 AI 對話能力，與現有客服機器人相比，可以更自然地進行客服對話。它甚至可以理解跨越多輪對話的客服對話，讓客戶收到回答後提出後續問題並獲得額外的幫助。對於客服領域而言，信任和可靠性至關重要，Intercom 擴展了 GPT-4 的功能，使其具有專為客服領域量身打造的功能和防護措施。例如，Fin 僅根據企業現有內容提供答案，進而提高準確性和可信度。

另外，Intercom 為 Fin 設計了一個新的使用者介面來進一步降低不準確性，以保持高可信度──當給出答案時，它會連結到其來源文章，讓客戶驗證來源是否相關，同時減少機器人發生錯誤時帶來的影響（圖 4-21）。

即使再智慧，聊天機器人也無法保證能夠回答客戶所有的問題。在回答不了的情況下，它可以將問題即時轉給人類客服團隊（圖 4-22）。根據 Intercom 的設計，Fin 僅使用企業已經有的資料來回答問題，以避免出現不準確或意料之

當 Fin 給出答案時
會連結到來源文章

Fin 可以將問題即時
轉給客服人員

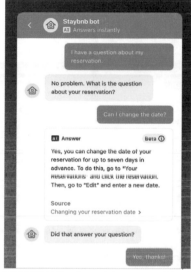

圖片來源：https://www.intercom.com/blog/
announcing-intercoms-new-ai-chatbot

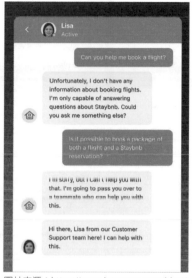

圖片來源：https://www.intercom.com/blog/
announcing-intercoms- new-ai-chatbot

外的回答，這使企業可以高度控制 Fin 回答的內容。如果有
人問了一個企業資料庫尚未涵蓋的問題，它會說它不知道答
案（圖 4-23），這是一個重要的功能。其他很多 GPT 機器
人的答案會使用大量來自網路的資訊，但客服領域的經驗證
明，限制機器人可以使用的資訊能夠從根本上提高其可預測
性和可信度。

圖 4-23 Fin 拒絕回答領域外的問題

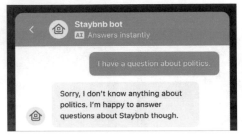

圖片來源：https://www.intercom.com/blog/announcing-intercoms-new-ai-chatbot

此外，Fin 還可以選擇從已有內容上生成不同等級的「創造性」回答（分為高中低 3 級），這樣不同的企業可以根據自身的特點和需求做出恰當的取捨。

儘管前景看好，Intercom 對 Fin 存在的問題也直言不諱：第一，不同產業對客服準確率的要求有所不同，對許多產業而言，Fin 的回應已經足夠準確，但對某些要求嚴格的產業而言，Fin 的準確率仍須提升；第二，目前 GPT-4 模型的使用費用不菲（未來有望顯著降低）；第三，GPT-4 模型的回應時間有時高達 10 多秒（隨著技術的發展，回應時間會逐漸降低）。總結來說，雖然在現階段 Fin 並不完美，但它現在已經為應對許多企業客服中心的挑戰做好了準備。

知識庫管理

知識文章（knowledge articles）可以解決客戶在使用企業的產品或服務時遇到的問題，知識文章的類型包括常見問題的解決方案、產品簡介、產品或功能文件等。企業的所有知識文章構成了知識庫（knowledge base），知識庫是一個自助式的客戶服務庫，客戶可以從中找到答案，以便他們自己解決問題。同時，知識庫也為智慧客服注入靈魂，良好的知識結構、精準的知識內容，配合合理的對話流程，能確保智慧客服的對話品質，讓對話更流暢。

隨著生成式 AI 的發展，我們可以透過 GPT 模型，從大量的客服對話記錄、聊天記錄和客戶資訊中，生成知識文章。這樣可以加快客服問題的解決速度，並將更多客服通話轉變為自助服務。

客戶關係管理軟體服務提供者 Salesforce 在 2023 年 3 月推出了利用生成式 AI 的客戶關係管理產品 Einstein GPT，這款產品可以透過過去的客服記錄生成知識文章，總結 FAQ（常見問題）。它還可以在每次行銷和客服互動中大

量地提供 AI 創造的內容，例如自動生成個性化的客服聊天回覆。由此，透過個性化和快速的服務互動，Einstein GPT 可以大幅提高客戶滿意度。

隨著企業知識庫日益擴充，如果不能有效地管理，會成為企業包括客服中心發展的瓶頸。百度大腦的「智慧知識庫」就是利用 AI 管理企業知識庫的一個解決方案，提供客服統一、便捷的知識管理和應用服務，借助基本的 AI 能力，幫助企業解決在知識生產、管理和應用等環節中的問題，在業務發展過程中快速累積知識，並有效利用知識解決問題。

如圖 4-24，該方案可以接收多個來源、不同類型資料的輸入，透過一系列的人工智慧模型將其加工成業務可使用的文件、FAQ、影片、圖片等不同形式的知識內容。具體來說，其「全流程生產後台」包括智能採編、知識處理、智能審核和知識運作這幾個環節；「個人化知識門戶」有知識瀏覽和知識查詢功能。

在客服中心的日常應用中，該方案支援客服人員應用軟體，可即時獲取答案，並能夠查詢客服人員和使用者的不同

內容。該知識庫的智慧化採編、處理、運作能力，使得知識

的生產流程效率大幅提高。

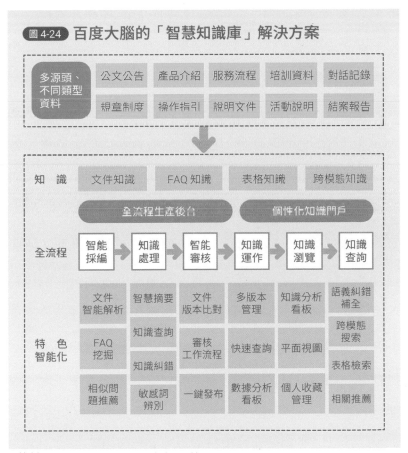

圖片來源：https://ai.baidu.com/solution/cskb

客服品質監控

　　品質監控作為客戶服務工作中的一環，對企業來說是非常重要的，它是綜合服務品質評價和提升的重要途徑。品質監控既是檢驗客服漏洞、測評客服品質的重要工具，也是促進客服進步、完善客服流程的重要手段。品質監控的目的是幫助客服人員改善服務品質，進而提升企業的綜合服務能力。透過資料分析，我們可以找到客服人員的能力缺失和客服中心的服務漏洞，即時處理和調整，提高客服中心的服務水準，這才是品質監控的真正價值所在。

　　品質監控中一般需要對客服人員進行評分，然而，除此之外還有很多事情可以做。品質監控掌握著客服中心最核心的資源——錄音。根據大量的通話錄音，監控員最能夠挖掘到客戶不滿意背後的真正需求是什麼，公司應該如何積極回應才能夠滿足客戶的需求，目前客戶的需求沒有被滿足，說明公司在某些方面的工作需要提升。如果能有效地回答這些問題，必將為公司的決策提供極具價值的依據。

　　傳統意義上，客服中心的品質監控是完全依賴人工的。

具體來說，一般的客服中心都會分配專門的品質監控人員，
而那些規模較小的客服中心由於客服人數較少，有時也會直
接由管理人員來承擔品質監控人員的職責。他們會對客服人
員的歷史通話錄音進行抽樣檢測，也會在座席現場或通話系
統中以旁聽的方式進行即時抽測。

　　傳統的品質監控方式在客服中心已經沿用多年，品質監
控人員會根據品質監控的結果對有問題的客服人員，按照規
定進行懲處或者提供針對性的培訓輔導。但是，這樣的品質
監控方式一直有個令人頭疼的問題得不到解決：品質監控抽
樣數量少則不具有代表性，而抽樣數量大則品質監控的工作
量也隨之上升，對於人員眾多、通話量龐大的大型客服中心
來說，工作負擔很重。即使是小型客服中心，由於它們一般
沒有配備專門的品質監控人員，品質監控責任都壓在管理人
員身上，在繁雜工作的壓力下，這些管理人員也很難保證足
量的抽樣品質監控。

　　傳統的品質監控方式存在以上問題，人工智慧的興起給
客服中心提供了一個解決方案：透過在客服中心引入人工智
慧來解決品質監控問題，人工智慧「不知疲倦」的特點讓它

可以不分晝夜地對所有通話錄音進行品質監控，這樣避免了抽樣檢測帶來的問題；另外，人工智慧也能做到「鐵面無私」，這樣就避免了人工品質監控過程中的主觀性和不確定性。

目前已經投入商業化運作的智慧品質監控系統，有 3 大功能顯著地改善了品質監控工作流程，提升了客服中心的通話品質監控效率：第一是語音轉寫，指的是智慧品質監控系統可以透過語音辨識技術，將通話錄音轉寫為文字，方便快速瀏覽和查閱，品質監控人員不再像以前那樣需要聽錄音才能進行評判；第二是關鍵字檢測，指的是智慧品質監控系統能夠快速辨別對話中出現的敏感詞、違禁詞等關鍵字，並向管理人員發出提醒，這種全時段無間歇的檢測方式顯然要比傳統的抽查可靠很多；第三是情緒辨識，指的是智慧品質監控系統能夠透過分析客服人員的語氣、語速、語調等資訊，判斷客服人員的情緒波動。

除了上述功能，生成式 AI 還能捕捉對話中細微的語義資訊──這也許是生成式 AI 對客服品質監控更大的價值所在。舉個例子，前文中提到的基於 Transformer 的 seq2seq 模型可以用來檢測客服對話中存在的問題。透過編碼器和解

圖 4-25 AI 客服品質監控範例

碼器的共同作用，圖 4-25 中客戶和客服人員的對話可以解析成一個包含「產品無法啟動」、「客戶情緒激動」、「客服表現不耐煩」這些語義標籤的輸出序列。

可以想像，透過這樣的資訊對客服人員進行品質監控，能夠全方位地減輕人力負擔，提升工作效率，最終也會給客

服中心帶來顯著的優勢：第一，AI 品質監控能夠全面涵蓋，
不會有漏檢的現象；第二，AI 品質監控能夠即時或接近即時
監控通話錄音，能即時發現客服人員的問題並進行調整和優
化；第三，AI 品質監控具有統一的標準且成本低，除了品質
控制，還能達到即時的業務分析價值。如此一來，傳統上令
客服中心管理人員頭疼的品質監控問題也能迎刃而解

　　本節我們討論了生成式 AI 協助客服領域的 3 個重要方
面。第一，類 ChatGPT 的智慧客服對話：生成式 AI 模型從
基本上提升了多輪對話的精準度，這是能稱其為「智慧」客
服的關鍵因素。第二，智慧知識庫管理：業務知識是智慧客
服的基礎，AI 協助高效率地生產、管理和應用知識內容，是
確保客服對話品質的基本保障。

　　第三，智慧客服品質監控：透過品質監控促使客服中
心的整體品質不斷迭代和優化，這對智慧客服本身價值的
發揮也起到了重要作用。透過這 2 個面向的不斷升級和改
善，利用生成式 AI 的智慧客服，在業務領域的服務過程中
逐漸學習像人一樣的多輪對話能力，為客戶帶來更佳體驗，
企業也能從中受益。

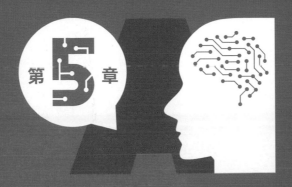

主動還是被動？
決勝 AIGC

　　任何一項技術的出現都是有利有弊的，在生成式 AI 發展得如火如荼的同時，它是否會取代某些工作職務的討論也甚囂塵上，引發了 AI 焦慮。本章我們會探討 AIGC 的優勢和瓶頸，並嘗試回應 AIGC 是否會取代大量的工作職務，以及我們應該如何主動應對。

　　隨著人工智慧技術的更迭和發展，部分人的工作在所難免會受到影響，但我們更需要著眼於人工智慧長遠的發展方向和意義，過度擔憂和唱衰其實並不可取，如何運用好 AI 這個強大的工具，將它作為助手，充分發揮它的優勢，與它和諧相處，才是我們該關注的事。

5-1

展望未來：
AIGC 帶來新技術革命？

前面，我們已經介紹了 AIGC 的基本邏輯和應用場景，那麼，在未來，AIGC 將給人類社會帶來怎樣的徹底改變？它所引領的又是一個怎樣的智慧時代？那些存在於科幻小說中的情節離我們還有多遠？透過 AIGC，我們似乎已經可以想像到那樣一個世界：在這個世界裡，AI 為人類的智慧和創造力提供了一個龐大的力量加速器，所有人都可以獲得任何認知方面的幫助，人工智慧可以擁有像人類一樣、

甚至超過人類的智慧。

　　也有很多人對此表示擔憂，認為人工智慧可能會因為「太智慧」，替人類帶來難以預料的災難，特別是 GPT-4 發布後。GPT-4 在某些方面的智慧程度幾乎可以用「恐怖」來形容。2023 年 3 月，全球科技頂尖人物馬斯克就聯名眾多矽谷企業家和科學家呼籲：所有實驗室立即暫停比 GPT-4 更強大的人工智慧系統的訓練，時間至少持續 6 個月。在這段期間，人工智慧產業應該制定人工智慧設計和開發的安全協定，以建立更加公開、可被理解和穩定的人工智慧產業體系。

　　人工智慧就是一把雙刃劍，未來，人類與 AI 如何共存，世界又會發生怎樣翻天覆地的變化，我們拭目以待。

AGI 未來發展

　　近年來，人工智慧解決方案在自然語言處理、視覺辨識，文本、圖片和影片生成等關鍵領域取得了驚人的進步。而現在，人工智慧正試圖在追上人類智慧方面取得重大突破，從只能適應特定領域的「弱人工智慧」，朝著更具通用

性也可以說更強大的人工智慧—— AGI（artificial general intelligence，通用人工智慧）前進。AGI 無疑會成為下一個迅速發展的方向。

AGI 也可稱為「強人工智慧」（strong AI），指的是具備與人類同等智慧或超越人類智慧的人工智慧，能表現出正常人類的所有智慧行為。相較而言，我們現在和過去的所有人工智慧都還屬於「弱人工智慧」或「窄人工智慧」，雖然針對某一特定問題的解決能力可以很強，甚至超越人類，但很難解決其他問題。比如，我們教會機器辨識人臉，但這個能力以及學到這個能力的過程和基本方法，對幫助它控制身體平衡和導航沒什麼幫助。

2013 年，Google 旗下公司 DeepMind 發表了第一版的 DQN（deep Q-network）模型，第一次將深度學習和強化學習結合，開啟了 AGI 的實現之旅。而後，DeepMind 和 OpenAI 這兩家瞄準 AGI 的公司推出了一系列亮眼的成果：2016 年 DeepMind 的 AlphaGo 打敗世界圍棋冠軍，2019 年 AlphaStar 在遊戲《星際爭霸 2》中戰勝職業選手；2019 年 OpenAI 發布 GPT-2，2020 年發布 GPT-3，以及之後的

ChatGPT 和 GPT-4。

　　未來，人工智慧若要達到 AGI 的水準，還需具備更加強大的能力，例如：存在不確定性因素下進行推理和制定決策的能力；知識表達的能力，包括常識性知識的表達能力；規劃、學習以及使用自然語言進行溝通的能力；將上述能力整合起來實現既定目標的能力。

　　可以想像，AGI 將會是人工智慧研究領域的下一個重要突破。AGI 的出現將推動社會產生極具顛覆性的發展，不僅給上下游的所有產業帶來深刻影響，還會給我們的生活和工作方式帶來巨大的改變。在當今人工智慧技術快速發展的時代，每一次新技術的進步都可能潛藏著重大的機會，如果企業和個人能夠儘早辨識、理解這些新技術、新工具，將其更好地為自己所用，就更有可能從激烈的市場競爭中脫穎而出，快速贏得新的市場和空間。

從 AIGC 走向 AGI

　　ChatGPT 的「橫空出世」讓大眾對人工智慧的突破有了新的認識，人們第一次看到人工智慧系統能夠完成各種各

樣的事情，不論是需要常識的閒聊，還是需要專業知識的論文寫作，甚至寫程式都不在話下。ChatGPT 出現後，人們開始期待，它就是工業革命中的那台蒸汽機，轟鳴著開啟 AGI 的時代。

可以說，目前的自然語言處理技術和大型語言模型確實展現出了一些 AGI 的影子，但距離真正的 AGI 還很遠。因為 ChatGPT 等模型雖然已經具有智慧對話、語言翻譯、文本生成等實用功能，但它們仍然缺乏某些關鍵的特徵和能力，例如跨模態感知、多工協作、情感理解等，這些能力的缺乏導致了我們目前看到的 ChatGPT 在回答中尚有生硬之處，比如有時它的回答看似合理，卻是錯誤或荒謬的；有時人們調整問題措辭後，會獲得不同的答案；無法拒絕不合理及不道德的請求，等等。

作為人工智慧領域的一個中長期目標，AGI 技術不僅要能夠執行特定任務，而且能夠像人類一樣通盤理解和處理各種不同的資訊，這樣才能成為具有與人類類似或超越人類智慧的電腦程式。雖然 ChatGPT 等模型在自然語言處理方面取得了一些突破，但仍然需要進一步研究和發展，才能逐步

向著 AGI 的方向發展，以下是一些可能的研究方向。

第一，跨模態感知。我們將平時接觸到的每一個資訊來源域稱為一個模態，這些來源可以是文字、聲音、圖像、味覺、觸覺等等。隨著資訊技術和感測器技術的發展，模態的範疇也變得更廣：網際網路上的文本，深度相機蒐集的點雲等資訊，都可以看作不同形式的模態。跨模態感知涉及 2 個或多個感官的資訊互動，比如最基本的圖像檢索，就是一種從文本到圖像的感官轉換。反過來，從圖像到語音的轉換，可以幫助有視覺感官缺陷的人們，強化感知環境的能力。

人類天然具有跨模態感知能力，能夠對來自多種感官的資訊進行整合和理解。而當前絕大部分的人工智慧系統只能單獨運用其中的一項作為感測器來感知世界，對於不同的模態，需要設計不同的專有模型。例如，根據文本生成圖像的模型，採用的是將文本和圖像進行聯合編碼的專有模型，這種模型無法適配聲音生成等其他任務。各種模型之間無法真正串聯是走向 AGI 的一大痛點。因此，研究如何讓人工智慧系統實現跨模態感知非常關鍵。

第二，多工協作。人類能夠同時處理多個任務，並在不

同任務之間進行協調和轉換。當人們面對機器人時，一句簡單的吩咐，比如「請幫我熱一下午餐」、「請幫我把遙控器拿過來」等等，這些指令聽上去簡單，執行時卻包含了理解指令、分解任務、規劃路線、辨識物體等一系列動作，針對每一個細分動作都有專門的系統或者模型的設計。這就要求機器人有多工協作的能力。因此，多工協作是 AGI 最重要的研究方向之一，主要在研究如何讓人工智慧系統具有多工協作能力，包括任務規劃、任務選擇和任務轉換等，讓「通用性」實現在不僅能夠同時完成多種任務，還能夠快速適應與訓練情況不同的新任務。

第三，自我學習和適應。人類具有學習和適應能力，能夠透過不斷地學習和經驗累積來提高自己的能力。因此，研究如何讓人工智慧系統具有自我學習和適應能力也是實現 AGI 的必要步驟。其中主要包括增量學習、遷移學習和領域自適應 3 個方向。增量學習就像人每天不斷學習和接收新的知識，並且對已經學習到的知識不會遺忘。增量學習是指一個學習系統能不斷地從新樣本中學習新的知識，並能保存大部分以前已經學習到的知識，它解決的是深度學習中「災難

性遺忘」的問題：在新任務的資料庫上訓練，往往會使模型在舊資料庫上的性能大幅度下降。

遷移學習是人類一種很常見的能力，例如，我們可能會發現學習辨識蘋果可能有助於辨識梨，或者學習彈奏電子琴可能有助於學習彈鋼琴。在機器學習中，我們可以把為任務 A 開發的模型作為初始點，重新使用在為任務 B 開發模型的過程中，即透過從已學習的相關任務中轉移知識來改進學習的新任務。遷移學習的核心是找到並合理利用源領域和目標領域之間的相似性。在日常生活中，這種相似性是非常普遍的，例如，不同人的身體構造是相似的，不同產品的瓶身造型是相似的，不同品牌手機的開機方式是相似的。我們可以將這種相似性理解為不變數，以不變應萬變，才能立於不敗之地。

領域自適應可以看成遷移學習的一種，旨在利用源領域中標註好的資料，學習一個精確的模型，運用到無標註或只有少量標註的目標領域中。它要解決的核心問題是源領域和目標領域資料的聯合機率分布不匹配。比如，我們利用來自中國的汽車照片資料完成了模型的訓練，這個模型已經能在

這些汽車照片的分類任務上運作得很好了，但現在要把這個模型直接運用在國外的汽車上，效果可能欠佳。這時候就需要用到「領域自適應」，以完成模型的自適應遷移。

第四，情感理解。能夠理解並表達情感是人類最重要的特徵，它在溝通協作中甚至常常影響事件的下一步走向。圖靈獎獲得者馬文・明斯基（Marvin Minsky）以及美國國家工程院院士羅莎琳德・皮卡德（Rosalind Picard）等科學家，都認為機器必須擁有理解和表達情感的能力。當前，不少生成式對話系統的工作尚且將關注點集中在提升生成語句的語言品質，忽略了對人類情感的理解。因此，讓人工智慧系統理解情感，包括情感表達、情感分析和情感生成等，是實現AGI的一個關鍵方向。

第五，超級運算能力。實現 AGI 需要龐大的運算資源和超級運算能力。為了提升這個能力，人們從不同角度出發，採取多種方法不斷推進：開發更高效、更可擴充的運算平台；採用分散式運算，將應用程式分解成許多小部分，分配給多台電腦進行處理，節省整體計算時間，提高計算效率；採用邊緣計算，在更靠近數據生成的物理位置蒐集並分析數據，

不僅可以達到更高效的數據處理效果，而且能提供更高的安全性、隱私性和更快的數據傳輸速度。就像一輛汽車，人們不斷升級油箱的容量、提高燃料的效率，讓車可以行駛更多公里數。

這些研究方向只是眾多可能中的幾個主要方向，AGI 的真正實現還涉及眾多學科和領域的交叉和融合。因此，實現 AGI 是一個複雜的過程，需要不斷地進行研究和探索。

新一輪內容革命的起點

雖然 AGI 的到來仍未可知，但 ChatGPT 的出現已然被認為是一個重大的里程碑，有著廣泛的影響力。史丹佛大學的專家認為，它在心智方面相當於 9 歲的人。在功能上，ChatGPT 可以不斷改善，但在心智上是否會按照人類心智隨年齡而增長的規律進化，尚未可知。如今，AIGC 在很多應用場景下都可以替代基礎的腦力勞動，它的出現，將給我們的生活和生產方式帶來顛覆性的變革。

我們在前文已經詳細說明，AIGC 生成的文本、圖片、語音、影片、程式等多元化內容，在多元性、品質、效率

3 個方面推動了內容生產大步前進。當前的 AIGC 在文本生成、圖片生成、影片生成等方面已經達到了堪稱出神入化的效果，但 AIGC 的內容革命遠不僅限於此，程式、演算法、規劃、流程設計等眾人看來並非日常生活中可切身感受的內容，或許是這場內容變革中更加關鍵的部分。

程式生成是一個正在實踐的方向。我們前文已經提到，人工智慧輔助程式設計工具 GitHub Copilot 和 ChatGPT 都有程式生成的功能，而且其生成的程式具有一定的實用性和創造性，可以用來替代一部分初級開發工作。更進一步，人們也在努力探索如何自動生成行動應用程式等一系列產品。2023 年 3 月，微軟宣布將 ChatGPT 的技術擴展到其 Power Platform 平台上，這將允許其使用者在很少甚至不需要編寫程式的情況下，就能開發自己的應用程式。也就是說，很快，只需要人們用直白的語言描述所要創作的應用程式功能，人工智慧就可以完成創作。這將大大節省開發人員學習全新邏輯表達工具和經歷繁瑣開發流程的時間。

程式生成的實踐已經讓人歎為觀止，演算法、規劃、流程設計的內容革命必將掀起更大的浪潮。而當前，推動內

容生產向更高效率和更富創造力的方向發展，與多產業融合，已經是這場內容革命給我們現實生活帶來的悄然改變。這個改變不僅能降低成本、提高效率，更能促進個性化內容生成。人工智慧不僅能夠以優於人類的知識層次，承擔資訊搜集、素材運用、創作再現等基礎性機械勞動，而且能讓所有人都成為「藝術家」、「設計師」或「工程師」，可隨時生成有創造力、個性化的內容，從技術層面實現以低邊際成本、高效率的方式滿足大量個性化需求。

我們期待透過 AIGC 與其他產業的多方互動、融合滲透孕育新業態、新模式，為各行各業創造新的商業模式，提供價值增長新動能。文本生成是 AIGC 實現商業模式最早的技術之一，然而除了文本生成，廣告、動漫、影視的智慧內容生成，醫療系統、科學研究系統、社會民生等，都將是 AIGC 應用發展的領域。到了 AGI 時代，藉由 AI 能夠處理無限任務、自主產生並完成工作，並且具有價值系統。如此，我們將迎來生產力的又一次提升，人們擺脫了資訊處理和認知能力的限制，可以將更多的精力集中在人工智慧尚不能處理的方面。

　　AIGC 已經帶來新一輪的內容革命，將推動網際網路、數位媒體乃至傳統產業的全面改造和升級，以及生產力的全面變革。從當下的應用趨勢而言，AIGC 作為新一輪技術革命主角之勢已經逐漸顯露。AGI 的走向猶未可知，AIGC 的未來值得每個人期待。正如 OpenAI 的 CEO、ChatGPT 之父山姆‧阿特曼（Sam Altman）所說：「萬物的智慧成本無限降低，人類的生產力與創造力將不再受限。」

5-2

AI 並非萬能：
AIGC 的優勢與瓶頸

AIGC 以其強大的創造能力、快速的反應能力、全面的輸出能力，給人們帶來震撼和衝擊。在大數據和大算力的支撐下，AIGC 大模型必將突破個人使用層面，從目前的寫作、設計、程式設計、問答等工作，轉向更廣泛的應用領域，產生商業價值，為經濟發展注入新動能，為產業變革帶來新動力，帶動社會生產力的快速提升。

就像一枚硬幣總有兩面，我們在看到 ChatGPT 在人工

智慧的領域上奮勇前進時，同樣也要意識到 AIGC 帶來的風險和挑戰。AIGC 發展迅速，相關法律法規尚未完善，其發展面臨諸如資訊安全與隱私保護、著作權爭議等問題。

AIGC 的優勢

　　AIGC 的優勢已經顯而易見，可生成的內容十分豐富，完全不局限於文本、圖片、語音、影片等數位媒體，可以廣泛涵蓋人類生產生活中所需的各類產品。AIGC 不僅可以進行傳統文案創作或者廣告、動漫、影片等數位媒體內容生成，也可以進行新產品、新流程、新方案的設計。

　　比如在教育領域，一些教育機構會根據學生的需求和興趣等資料，用 AIGC 工具為他們設計個人化課程，以確保教育方式更有效；在時尚領域，設計師們能借助 Khroma 以及 Colormind 等 AIGC 工具，將草圖轉變為彩色圖片（圖 5-1），並分析草圖上色後的各種變化組合，使時尚品牌變得更有創意。可以預見的是，AIGC 可以廣泛應用於人們生活的各個領域，而伴隨著各類人工智慧系統的開發和應用，AIGC 與人們生活的關係將越發緊密，以其強大的功能在各類族群的

圖5-1 Khroma 根據指定顏色生成的圖片

人們生活中扮演重要角色。

　　雖然 AIGC 工具可能已經在日常工作中扮演著助手的角色，比如撰寫行銷文案、編寫程式等，大大地提升了工作效率，但如果認為 AIGC 的意義僅是如此，那就低估了它的功用。AIGC 工具不同於傳統的人工智慧工具，它實現了從決策式 AI 到生成式 AI 的轉型。決策式 AI 學習的知識局限於資料本身，而生成式 AI 在總結、歸納資料的基礎上可以生成資料中不存在的樣本，在知識論中已經產生了邏輯。

　　換言之，生成式 AI 有了一定的歸納與創新能力。因此，AIGC 不僅可以生成分散的內容，還提供了生成完整場景內容框架的機會，相比於決策式 AI 只能做選擇題，生成式 AI

的互動性更強,透過強大的語言建模和推理能力,可以在多輪互動中以「類人」的方式交流、學習和進步,為很多領域提供更完整應用人工智慧的可能性。

如圖 5-2,以 AI 電話客服為例,決策式 AI 通常只能在每一個節點判斷用戶的意圖,它會根據學習到的經驗和預先設定的邏輯做出一個選擇,進而做出反應,進行「一問一答」。傳統 AI 電話客服總是顯得很「笨」,回答機械生硬,內容也不夠精準,互動性不夠。並且 AI 電話客服的邏輯框架是人工設定的,無法根據實際情況進行即時更新,與真正的交流還有一定的差距,這顯然無法滿足用戶需求,也無法為使用者帶來良好的對話體驗。而生成式 AI 透過一定數量的數據訓練後,可以根據場景描述和限制條件輸入,直接產生類似圖 5-2 的邏輯框圖。

在實際應用中,這樣解決問題的方法也許是具有跨時代意義的,它意味著很多需要專業經驗的工作,可以透過生成式 AI 來完成,AI 在產業應用的滲透更加深入,可大幅提高人們的工作效率。

由此可見,生成式 AI 所生成的內容已不局限於一般意

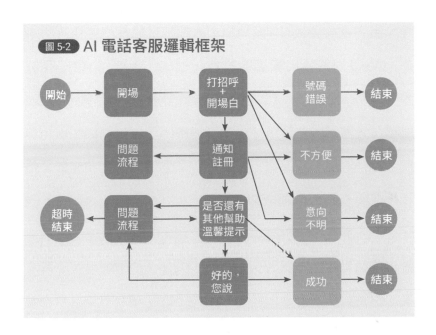

圖 5-2　AI 電話客服邏輯框架

義上的內容，而是針對完整場景的內容框架和邏輯結構。
AIGC 對這樣的作業領域進行升級改造，能夠真正有益於實
體經濟，實現生產力的大幅提升。

AIGC 顛覆業務流程

　　以 ChatGPT 為代表的 AIGC 應用目前已深度參與到企
業的業務流程改造工作中，將文本、圖片、影片、程式等內
容的自動化生成能力，與原有的企業管理系統結合，能夠精

簡和優化原本複雜的作業流程，大幅提升組織的運作效率。

　　AIGC 對流程的影響無疑是正面的，無論將 AIGC 用於內容撰寫、智慧客服、日程管理，還是用於市場行銷、銷售、財務、人力等工作領域，它都能夠不同程度地精簡或優化流程，縮短業務流程週期，提高效率，最終對企業和組織發揮降低成本、提高效率的作用。

　　一方面，AIGC 可以精簡與優化原有的業務流程。透過分析大量數據，辨識常見模式和規則，AIGC 能夠生成與業務流程相契合的自動化程式，提高組織生產效率和自動化水準，讓工作流程快速執行。原本需要很多步驟的工作流程，借助 AI 可實現流程自動化，大大減少人工干預，進而釋放人力、降低成本，還可以提高業務流程的執行效率。

　　舉一個例子，現在開發人員已經能用 ChatGPT 來編寫程式了，只要開發人員給的要求和提示足夠完整，它甚至可以從頭到尾編寫完整的程式。整個過程不需要開發人員輸入任何程式碼，只需不斷地跟它用文字互動。ChatGPT 同時還能閱讀已有程式，添加注釋或者糾錯，如此一來便可大幅提升程式、文件的編寫和審查效率。透過使用 ChatGPT，

開發人員可以簡化他們的工作流程，提高他們的生產力，減少開發成本、縮短開發時間，原本需要更多時間和精力來建構的應用程式也可以輕鬆完成。

另一方面，基於 AIGC 的新流程可以替代原有流程。有些業務流程原來完全由人力承擔，如果人力不足，就只能將業務外包，在效率並未提升的情況下，成本卻在逐步上升。有了可以勝任業務的 AIGC，自然就可以用這些技術去替代原來的業務流程。例如，智慧客服可以用 AIGC 生成客服話術，短影片拍攝可以用 AIGC 生成簡單劇本等等。AIGC 技術的獨立生成能力也很強大，只需要輸入一定的提示資訊，它就能獨立完成大量內容的創作工作。

從實現角度而言，可以將 AIGC 工具與 ERP（企業資源規劃）、RPA（機器人流程自動化）、BPA（業務流程自動化）、BI（商業智慧）及低程式碼等工具進行整合，形成端到端（End-to-End）的解決方案，以全面優化業務流程。比如，我們可以將 AIGC 與 ERP 系統整合，自動生成專案排程計畫，或者將 ChatGPT 用於低程式碼開發平台，透過對話聊天的方式自動建構流程圖等。而在這個過程中，AIGC 與這些管理系

統不是平行關係，而是與整體業務流程融合在了一起。

　　ChatGPT 與 Salesforce 的整合案例也是改革業務流程的一個典型範例。透過嵌入 Salesforce 的即時通訊工具，ChatGPT 可以幫助團隊更高效地工作，例如在與客戶的對話過程中，根據多輪對話的上下文資訊，快速草擬訊息，或者快速找到問題答案，從各方面提升工作人員的效率，讓他們能專注於更有價值的任務，以此提升團隊生產力。現在已有很多軟體廠商在探索其產品與生成式 AI 的整合應用，比如有的低程式碼平台已經在教客戶如何透過 API 整合 ChatGPT 了，微軟也發布了 Microsoft 365 Copilot，在 Office 辦公軟體中加入了 GPT-4（圖 5-3）。

　　生成式 AI 技術與各種軟體系統的整合與融合，已經成為一種不可避免的趨勢，並且正在大幅地改變與優化企業的工作模式。可以說，一家企業是否能很好地利用生成式 AI，將代表著這家企業是否能在千變萬化的市場中站穩腳跟、持續保持足夠的競爭力。隨著搭載生成式 AI 的解決方案走入更多企業和組織，生成式 AI 也將帶領它們邁入更高效的業務流程時代。

圖 5-3 Outlook 郵件生成功能

圖 片 來 源：https://cloudblogs.microsoft.com/dynamics365/bdm/2023/03/06/introducing-
microsoft dynamics-365-copilot-bringing-next-generation-ai-to-every-line-of-business

 AIGC 的瓶頸

　　當然，AIGC 也存在發展瓶頸。AIGC 雖然發展迅速，卻一直面臨準確度的挑戰，經常被人詬病生成的內容準確率不高、可信度不強、文本直接拼湊、沒有邏輯性等，時常出現一些令人哭笑不得的錯誤。除了技術本身的發展限制，引入技術的成本短期內也會大幅增加，算力和維護成本也是要面對的問題。AIGC 的運作行需要龐大的算力支援，技術的發展也增加對算力的需求，這勢必產生龐大的成本，甚至需要

探索計算方式的變革。此外，AIGC 的發展和應用也可能會造成人員失業問題，取代部分藍領和白領的工作，因此帶來社會群眾的焦慮和恐慌。資訊安全與隱私保護、著作權爭議等問題也是 AIGC 進一步發展的瓶頸。

在人工智慧時代，數據被稱作新一輪技術革命的「石油」，它既是最重要的資源，也是最大的隱患。AIGC 的生成能力來自數據和模型，而數據來源本身就會引起隱憂，AIGC 的發展同樣需要面對和解決這些問題。

首先是數據來源的問題。AIGC 並不會憑空創造出數據，其生成能力是以現有數據為基礎的，而數據來源本身就可能會涉及侵犯他人著作權、肖像權、名譽權、個人資訊等多項權利的風險。如果使用的數據是未經文字、照片、影視、短影片等作品著作權人授權和許可的，則涉及侵犯著作權的情況；如果生成的內容出現侮辱、誹謗等情況，可能對他人產生負面影響，涉及侵犯名譽的問題；如果使用人臉等個人生物辨識數據，也可能存在侵犯個人資訊安全的風險。

再者是數據傳輸和保護的問題。以 ChatGPT 為例，使用者在對話方塊中輸入文字內容後，該內容首先會傳輸到

ChatGPT 的伺服器上，隨後 ChatGPT 才會給出相應回答，這些伺服器可能設置在國外的某個機房中，在短暫的時間內資料就完成了多次跨境傳輸。用戶在使用 ChatGPT 時很有可能無意間造成個人資訊、隱私資訊、商業秘密等資訊的洩露。為此，微軟、亞馬遜等公司已經提出禁止員工對 ChatGPT 分享任何機密資訊，防止出現洩露商業秘密的問題。而負有保密義務的用戶在使用 ChatGPT 和類似的人工智慧工具時，更應當注意保護隱私資訊，以免出現洩密行為。

面對 AIGC 帶來數據風險問題的首要路徑是遵守相關法律法規，各國針對資訊安全、個人資訊保護都制定了相關的法規，中國的《網絡安全法》、《數據安全法》及《個人信息保護法》等法律對資料及個人資訊保護都做出了規定，在蒐集和使用資料時應該遵守相關規定。

法律具有滯後性，無法跟上技術發展的速度，生成式 AI 對原有法律規範也提出了挑戰，例如，給備受關注的歐盟《人工智慧法案》（AI Act）的推出和談判增加了諸多困難。但是各國均在積極應對，推出政策或者制定法律，以保障網路使用者的合法權益。

2023 年 1 月 10 日，《互聯網信息服務深度合成管理規定》正式施行，這是中國第一部針對深度整合服務管理的專業領域法規，對深度整合服務提供者和技術支援提供持者進行了規定，要求加強訓練數據和技術管理，保障資訊安全，不得非法處理個人資訊。AI 整合平台必須要求內容創作者實名認證，監督創作者標明「這是由 AI 合成」之類的標識，避免公眾混淆或者誤認，並且要求任何組織和個人不得使用技術刪除、篡改、隱匿相關標識。如提供合成人聲、人臉生成等生物辨識資訊編輯功能，應當依法告知被編輯的個人，並取得其同意。

在跨境傳輸資料方面，也有相應法律法規，資料傳輸方需要主動進行資料出境風險自評估，為資料出境申請必要的授權或許可，並定期評估和審查資訊出境的情況，維護國家資訊安全。此外，還可以透過強化資訊安全管理的技術，加強技術研發、資產保護、隱私保障和資料加密；加強 AIGC 整個生命週期的網路安全評估，強化安全架構，保持對系統的審查與對抗檢測；明訂監管責任，提高演算法的透明性，加強演算法的責任追究，建立人工智慧生成內容辨識機制。

　　除了資訊的問題，AIGC 也會帶來著作權方面的爭議。根據中國《著作權法》的規定，自然人和法人是享有著作權和履行義務的主體，因此，AIGC 不能作為著作權的主體，但這也並不意味著 AIGC 創作的內容不受法律保護。目前普偏觀點認為，AIGC 生成的原創性內容，實際上是人機合作的成果，因此，人工智慧創作內容完全可以認定為屬於著作權所保護的「作品」範疇，著作權歸屬於人工智慧軟體開發者。先前，在騰訊提告盈訊科技侵害著作權案中，法院認定騰訊公司開發的 Dreamwriter 智慧寫作助手生成的財經文章是騰訊公司主導創作的法人作品，保護了其著作權。這個判決有利於鼓勵相關人工智慧產品的創新發展。

　　如前所述，AIGC 創作是需要素材的，不可避免會涉及對他人享有著作權的作品的使用，而按照當前著作權法的要求，使用人使用相關作品時，必須獲得權利人許可，支付相應的許可使用費。因此，AIGC 如未經許可使用作品，可能會陷入侵權困境。

　　此類案例屢見不鮮，如 2023 年 1 月，全球知名圖片供應商華蓋創意（Getty Images）提告 Stable Diffusion 的開

發者 Stability AI，控告其未經許可對平台上數百萬張圖片進行竊取。2023 年 2 月，《華爾街日報》記者法蘭西斯科·馬可尼（Francesco Marconi）也公開指責，OpenAI 公司未經授權大量使用《路透社》、《紐約時報》、《衛報》、英國廣播公司等主流媒體的文章訓練 ChatGPT 模型，但從未支付任何費用。

目前，一些國家和地區已嘗試推出關於「文本和資料探勘例外」、「電腦分析例外」等與 AI 使用作品相關的著作權侵權例外制度。在中國，根據「使用他人作品時應當取得著作權人的授權」的一般規定，AIGC 進行內容生成的過程中，應當審查素材資料庫中是否存在受著作權保護的作品，對於相關作品，應當取得相關著作權人的授權，以避免陷入著作權侵權糾紛。

總體而言，雖然 AIGC 在資訊安全和著作權等方面面臨一定的風險和挑戰，但其以龐大的實用性和靈活性為業務流程帶來了不可替代的高效率和不可逆轉的變革。而且，隨著 AIGC 的發展，越來越多的科技企業將會加入這個領域，AIGC 也將在更多產業得到更廣泛的應用。法律本身不應成

為限制技術進步的桎梏，新技術的產生也勢必會帶來法律挑
戰。法律雖然具有滯後性，整體上比實際生活落後，但應該
積極做出回應，推動科技進步，確保科技發揮良善作用，協
助產業發展，實現產業升級。

5-3

我們的工作機會還在嗎？

近來 ChatGPT 能夠引發如此廣泛而熱烈的討論，除了因為 AIGC 能夠推動產業升級和轉型，也因為我們對人類是否會被 AIGC 取代感到焦慮和擔憂。人工智慧專家李開復曾在 WISE 2016 獨角獸大會上發表演講，預測未來 10 年，世界上 50% 的工作都會被人工智慧取代，包括翻譯、記者、助理、司機、銷售、客服、交易員、會計等。

2023 年 3 月 15 日，OpenAI 發布了 GPT-4，資訊處理

能力有了大幅提升：能接受圖像和文本輸入，輸出文本回覆，並且文字輸入上限大幅提升，回答準確性顯著提高；能夠生成歌詞、創意文本，實現風格變化；能夠以特定的角色、風格回答問題，各項功能均飛躍式提升。GPT-4 已經在各種考驗和測試中展現了相當程度的人類的水準，甚至超過了很多專業的大學生，例如它透過了律師考試，且分數排在應試者的前 10% 左右（圖 5-4）。

圖 5-4 GPT-4 在各種測試中的表現

模擬考試	GPT-4 分數 / 總分以及排名	GPT-4（不含視覺） 分數 / 總分以及排名	GPT-3.5 分數 / 總分以及排名
律師考試 （MBE ＋ MEE ＋ MPT）	298 / 400 前 10%	298 / 400 前 10%	213 / 400 前 90%
LSAT	163 前 12%	161 前 17%	149 前 60%
SAT 閱讀和寫作	710 / 800 前 7%	710 / 800 前 7%	670 / 800 前 13%
SAT 數學	700 / 800 前 11%	690 / 800 前 11%	590 / 800 前 30%
GRE 數量	163 / 170 前 20%	157 / 170 前 38%	147 / 170 前 75%
GRE 語文	169 / 170 前 1%	165 / 170 前 4%	154 / 170 前 37%
GRE 寫作	4/6 前 46%	4/6 前 46%	4/6 前 46%

資料來源：OpenAI，"GPT-4 Technical Report"

　　緊接著，微軟發布了 Microsoft 365 Copilot，我們常用的 Office 辦公軟體也加入了 GPT-4 的功能：Word 可以寫論文了，PPT 可以根據文案自動生成了，Excel 也不需要輸入公式了等等。雖然這些功能還在進一步測試中，尚未全面推廣，但這也意味著我們的日常辦公方式將可能會被永遠改變。不少媒體驚呼：「微軟這是要『革』全世界上班族的命？！」

　　GPT-4 給很多產業和職業帶來了極大的衝擊，雖然具體的影響還需要時間去理解和消化，但無疑衝擊是巨大的。已有不少人表現出消極態度：我們還有必要上大學嗎？我們還有必要考取各種資格嗎？我們的工作機會還在嗎？我們距離失業還遠嗎？

AIGC 能否取代內容創作者？

　　如前所述，ChatGPT 的重要意義在於象徵著人工智慧從決策式演進到生成式，從認知角度來看，人工智慧已經從知識階段演進到邏輯階段，更加接近人類思維，也更符合各領域應用的需求。這不免給人們帶來恐慌，尤其是內容創作

圖 5-5 ChatGPT 對自身能否取代人類的回答

 ChatGPT 能取代人類嗎？

 ChatGPT 是一個人工智慧語言模型，雖然它在處理大量文本資料和語言任務方面表現出色，但是它並不能完全取代人類。ChatGPT 無法像人類一樣體驗和理解情感、創造性思考和判斷道德問題，同時在處理複雜的現實世界問題方面也存在局限性。ChatGPT 是一種工具，可以輔助人類完成某些任務，但是它並不能代替人類。

者：AIGC 能否取代內容創作者？ AIGC 會搶走內容創作者的「飯碗」嗎？

AIGC 帶來的職業焦慮是完全能夠理解的，也是確實存在的。如果說智慧型機器人取代的是重複性的體力工作，那麼 AIGC 取代的就是需要創造性的腦力工作。目前已經有網際網路大廠嘗試用 ChatGPT 自動生成商務程式和重構程式，也有設計師透過 ChatGPT 生成設計方案，再透過 Midjourney 等其他應用軟體生成設計圖稿。如圖 5-6，AI 繪圖生成器網站 6pen 預測，未來 5 年 10%～30% 的圖片為 AI 生成或 AI 輔助生成，據此估算其市場規模可能超過 600 億人民幣。

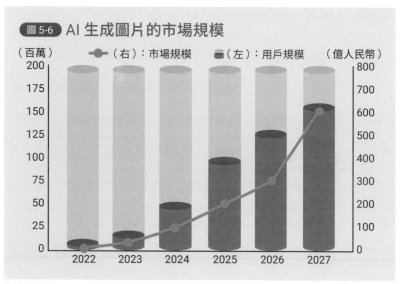

圖片來源：6pen，《中國 AI 繪圖產業調查報告》

　　不可否認，AIGC 降低了內容創作的門檻，讓創作者的範圍更加廣泛，很多腦中有畫面、心中有故事的人都可以借助 AIGC 工具來表達自己了。而且，AIGC 了解任何領域，更像是一個創作全才，能夠創作的領域和形式涵蓋廣泛。

　　雖然 AIGC 創作的內容難以突破固有的瓶頸，不具有超越人類的創新性，也可能出現錯誤，但是它的優勢在於全面。像 ChatGPT 這樣的 AIGC 應用程式十分有效的，尤其是

針對重複、基礎、有規律可循的內容，AIGC 可以替代人們完成很多繁瑣的文案工作，諸如寫報告、製表、檢索等。這些文案內容創作要求較低，占用了創作者大量時間，AIGC 可以讓人們從這些簡單的內容生成中有效地解脫出來，提高工作效率。甚至面對程式設計、翻譯等相對複雜的工作，AIGC 也已經達到了專業級的水準。

當然也有人提出質疑，認為 ChatGPT 生成的內容仍存在很多的錯誤和邏輯不清的情況，甚至會出現「幻想」，編造並不存在的內容，也無法精確到執行層面被直接應用。基於「共生則關聯」的模型訓練標準，ChatGPT 無法擁有人類的邏輯思考能力以及道德倫理觀念，很可能出現虛假關聯或者機械拼湊，並且需要源源不斷地更新素材，而素材的來源本身就可能存在法律風險，生成的內容也可能存在侵犯著作權的問題。

還有人對 AIGC 的原創性提出質疑，認為 AIGC 生成的內容是大量生產的模式化內容，沒有真正的創作力，距離真正意義上的作品還差得很遠。在 2023 年首期「之江院士講壇」上，中國工程院院士、浙江大學教授潘雲鶴表示，

ChatGPT 雖能博覽群書、出口成章、迭代提升，但依然缺乏獨創性。

　　愛奇藝前首席內容總監、電視節目主持人馬東曾在分享中提到，「內容與科技有本質的不同，它發自人心，解決人心的焦慮。我們透過技術開拓物質世界，但需要透過內容探索內心世界」。不同於人類創作的有感而發、情感由內而外的表達，AIGC 的創作來自素材和模型，透過分析大量素材，訓練出特徵和技巧，並將其應用於相關場景。

　　由於素材本身也都已經是被創作出來的內容，受制於更新的速度和算力，AIGC 不具有主觀能動性，難以創作出真正的新內容或者新風格。AIGC 也無法像人類一樣傳遞情感，做不到與人類感同身受，創作的內容機械化、同質化，缺乏人性溫度，在價值觀或者情感傳遞等方面力不從心。如果 AIGC 的發展會犧牲人類的創造力，那絕不是人工智慧技術發展的初衷。

　　現階段，AIGC 會對內容創作者產生衝擊，難以完全取代內容創作者，但可以輔助內容創作者。在創作者創作前，AIGC 可以迅速計算出資訊，創建好內容框架，或者針對一

個主題生成現有的內容模式和創作策略，以啟發創作者，供其參考。

這可以減少創作者構思和進行基礎創作的時間，也可以使創作者快速了解創作領域的情況，更加注重內容的創意性、創新性或者情感價值部分，大幅提升了創作者的創作效率，縮短了創作週期。

例如，工程師通常需要花大量時間構思程式，由於程式設計很多功能的寫法是有既定方式的，所以 AIGC 可以大大縮短寫這類型程式的時間，提高工程師的生產效率，讓工程師可以將更多時間放在理解需求和構思框架上，進而節省執行層面的時間。

AIGC 也會協助企業的創作成本大大減少，尤其是降低相關的人力成本，這必然會對內容創作者產生衝擊，內容創作者必須創作速度更快、創作品質更高，水準在 AIGC 應用程式之上。但是，內容創作者也應該正視 AIGC，將其當作創作的得力助手，訓練其更好地輔助創作，將自己從基礎工作中解脫出來，突破創作瓶頸，進而提高內容創作的生產力和品質。

人工智慧會取代誰？

　　人工智慧是否會引發失業潮，是一個長期以來都被關注的話題，ChatGPT 的橫空出世，只不過是加劇了這種擔憂。

　　不可否認，隨著人工智慧模型和硬體的進步，很多較機械性的工作將會被人工智慧替代。但是，人工智慧會取代誰？關於這一點，還得具體分析問題。人工智慧對不同產業的滲透程度差異很大，各產業的演算法模型、商業化程度、投資報酬率都不相同。例如，在零售、金融、保全等應用領域，人工智慧已經比較成熟，可以實現商用及規模效應，可以進行策略制定並自動執行；在工業、教育、政務等應用領域，人工智慧已經廣泛應用，發揮輔助性作用，效率得到有效提升；在交通、旅遊、醫療、娛樂等應用領域，人工智慧已經顯現價值，但具體的應用仍需要進一步探索。

　　人工智慧在不同應用領域中扮演不同的角色，滲透程度越高的產業，從業人員越容易被人工智慧取代。而且，成本也是一個考慮因素，人力、運算等人工智慧應用的成本仍相

對較高，後期維護也需要投入人力和費用，還受制於法律和倫理的約束。

　　劍橋大學研究者卡爾・弗雷（Carl Frey）和邁克爾・奧斯本（Michael Osborne）在分析人工智慧對人力的可替代性時，引入了 3 個面向：社交能力、創造力、感知和操作能力（圖 5-7）。根據這 3 個面向，他們對美國 702 類職業可能被人工智慧替代的機率進行了估計。結果顯示，在這些職業中，有 47% 的職業可能在未來 20 年中受到人工智慧的巨大衝擊，涉及的人達到數千萬。他們還分析了職業可能被取代的機率與從業人員受教育程度之間的關係，結果顯示容易被替代的職業，通常也是對技能和受教育程度要求更低的職業。

　　我們分別來看一下社交能力、創造力、感知和操作能力這 3 個面向。社交能力指的是人和人互動的技能，包括同理心、談判能力、社交洞察力等情感能力，對應的職業主要是教師、銷售、心理諮商師、管理人員、社工等；創造力指的是原創能力和藝術審美能力，對應的職業主要是藝術家、作家、研發工程師等；感知和操作能力指的是手指靈敏度、協調操作能力和應付複雜工作環境的能力，包括專業能力、產

業經驗、工作效率、完成效果等,對應的職業主要是律師、醫生、司機、美髮師、急救人員、水電工等。

　　人工智慧在處理不面對人、不需要創新和變通性較低的工作時,效率更高、穩定性更好,而面對需要情感交流、情況相對複雜或者創新力需求較高的工作時,就表現得不那麼令人滿意了。

　　人工智慧模擬的是人腦,但又不同於人腦。人工智慧與人腦的相似點在於透過對過往的分析學到規律、得出結論,只是分析過往資料的過程與人腦是不同的。AI 與人腦的競爭

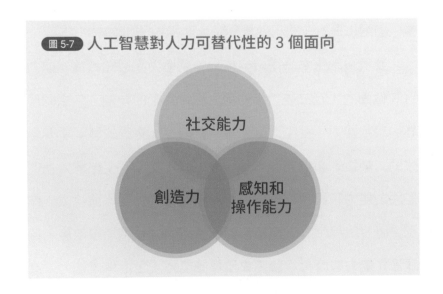

圖 5-7　人工智慧對人力可替代性的 3 個面向

社交能力

創造力

感知和
操作能力

也在於「有跡可循」的規律，面對規律性強的工作，AI 會表現出優勢。因此，不難得出結論：面對事情本身、重複性高、有跡可循、需要具體執行的工作最容易被人工智慧取代；而需要面對人、對創新性要求高、情感互動多、對專業經驗要求多、需要展現情感交流價值和領導力的工作，最難被人工智慧取代。

其實，真正能夠被人工智慧取代的工作很少，但是絕大部分職業都會受到影響。目前人工智慧仍然只能完成部分工作，在很多環節還只是發揮輔助性作用。但是它會提升效率，讓我們從重複性的工作中解脫出來，對於部分技術要求低且重複勞動類職業，如資料輸入、電話客服等，人工智慧的工作表現已經十分突出了。

但是對於人工智慧是否能真正取代我們的工作，還應該理性看待，人工智慧在很多領域帶來的是職務數量的調整。人工智慧也會在產業升級中創造新的產品和市場，也會創造出新的職務和就業機會，例如演算法工程師、人工智慧產品經理、提示詞工程師、人工智慧創意師、人工智慧調校師等職業，這些職業的需求和數量也將逐步上升。普華永道

2018 年 12 月發布的《人工智慧和相關技術對中國就業的影響》估算,未來 20 年,中國現有約 26% 的工作職務將被人工智慧及相關技術取代,但是人工智慧及相關技術透過提高生產率和實際收入水準,能夠產生約 38% 的新工作職務,最終將淨增約 12% 的工作職位。因此,人工智慧帶來的是對職業結構的影響。

 ## 我們該怎麼辦?

「君子生非異也,善假於物也。」縱觀人類的歷史,就是工具日益進步的歷史。遠古時期,人們偶然發現了「天火」;到石器時代,我們的祖先開始使用簡單的木棒、石頭;到農業革命時期,人們馴化牲畜、培育作物,誕生了農耕文明。後來,人們又經歷了 3 次工業革命:蒸汽時代,蒸汽機改變了交通運輸的速度,紡織機提高了工人的工作效率;電氣時代,電力、鋼鐵、鐵路、化工、汽車等重工業興起;資訊時代,電腦的誕生更是帶來了翻天覆地的變化,全球資訊和資源交流變得更為便捷。透過創新工具、釋放生產力,人類從茹毛飲血到現在設計模型駕馭人工智慧,一路從刀耕火

種走到資訊時代。

2013 年，在德國漢諾威工業博覽會上，德國第一次提出「工業 4.0」的概念，之後美國提出了「再工業化」，中國提出了「中國製造 2025」，這些宣示著第四次工業革命的開始，人類進入智慧革命時代。如今 ChatGPT 和 GPT-4 出現，人工智慧爆炸式發展，全球進入人工智慧的大躍進時代。

人類的發展離不開各種工具的革新，如果沒有這些工具，我們還在大自然的物競天擇中面臨生存問題，而人類之所以能產生偉大的文明，也在於善於利用工具。我們每個人的成長，從嗷嗷待哺到獨立行走，從學習知識到職涯發展，也都是和各種工具息息相關的。比如你是數據科學家，就需要不斷掌握新的模型和應用。當然工具是在進步的，我們和工具之間也是不斷互動、相互促進的。在這個過程中，工具能夠被進一步開發和創造，我們的勞動力也能夠被進一步釋放，激發出更大的發展和創造空間，這也正是我們進行工具創新的意義所在。

AIGC 也是一場以數據為核心、以提升生產力為目的的技術變革。作為研究和探索人工智慧領域 20 餘年的從業者，

我對於人工智慧始終是樂觀並充滿信心的。人工智慧帶來的生產力和生產關係的改變勢不可當，在這個過程中，我們必須保持一種開放的心態。

對於人工智慧給工作帶來的影響感到焦慮大可不必，與其說人工智慧將取代從業人員，不如說它完成的是枯燥繁重的工作內容，它淘汰的不是人類，而是落後的生產力。對大部分人來說，人工智慧不是競爭對手，而是我們的工作夥伴，它將成為必要的生產要素，使生產力倍增。我們應該做的是訓練和使用人工智慧，讓人工智慧為我們所用，Work with AI（與人工智慧一起工作）！

當然，每一項新興工具誕生之後，都必然經歷一個從邊緣角色到主流趨勢的過程，一開始可能會面臨質疑和非議，但在一次次精進、提升並創造價值後，便登上了某個領域的頂峰。AIGC 的成熟和應用還有待進一步探索，其技術本身也在不斷迭代和進步。對我們每個人來說，更應該做的是提升認知，充分認識到與人工智慧共存是未來的必然趨勢。人工智慧是這一時代的產物，與其擔憂它帶來的諸多問題，不如擁抱並且掌控它。

　　首先，應該擁有 AI 思維。所謂 AI 思維，本質是一種「數據驅動」的思維，就是從大量數據中形成模型，進而對未知情況做出最佳預測。在 AIGC 的應用中，則是從大量數據中形成模型，自動生成全新的內容。不管是決策式 AI 模型還是生成式 AI 模型，其基礎邏輯都是一致的，只靠邏輯和經驗難以推導，需要巨量的數據進行訓練。我們需要理解 AI 思維的底層邏輯，其基礎在於數據，核心在於模型，實現在於運算，具體應用在於商務場景。擁有 AI 思維能夠避免經驗主義帶來的主觀、片面和限制，具有正面的意義。

　　其次，應該擁有 AI 工具思維。所謂工具思維，就是善於利用工具，透過工具協助，解決問題、提高效率、解放勞動力。而 AI 工具思維，就是掌握數據化思維，掌握使用 AI、訓練 AI 的方法。AIGC 技術的發展已經不可逆轉，與其消極對待，不如使之為我所用。我們要理解 AI 的底層邏輯，在工作和生活中使用 AI，挖掘 AI 技術的工具價值，並訓練 AI 具有更強的適配性，為我們的工作和生活帶來更大的便利，將我們從繁雜的事務中解放出來。未來，我們人人都可以是 AI 的使用者和訓練師。

後　記

在 3 年前的這個時候，我創作的第一本書《AI 思維：從數據中創造價值的煉金術》出版了。彼時我的兒子剛剛 1 歲半，還是這個世界的「新來者」，剛剛具備獨立行走的能力，能夠聽懂語言指令並用肢體表達自己的需求和情緒。他喜歡觀察這個世界，但還並不能夠完全掌握語言表達能力。但如今，他已經成長為一名小朋友，可以認識數位、字母和少量中文，學會了一些生活技能，具備了社交能力，語言能力也大幅提升，已經會講故事了。

而和他一樣，在這 3 年中，人工智慧也經歷了「爆炸式」的成長，生成式 AI 儼然成為一種主流趨勢，不僅增強了感知能力和認知能力，還可以進行一定的邏輯推理和內容創作，簡

直跟幼兒的成長毫無分別。數據經過處理成為資訊，資訊透過提煉累積成知識，生成式 AI 學習的目標是來自全世界的知識，而它也已經初步具有了邏輯能力，可以創造出新的內容。

《AI 思維》出版後，我接觸過許多有 AI 需求的企業，總結來說，它們普遍對 AI 期待很高，但實際的產出效果可能並不盡如人意，或者需要投入較高的成本去迭代優化。AI 的痛點是不夠智慧，具體而言，AI 缺乏正常人的通識，其模型只能做特定的事情，而不同業務內容需要客製化開發，這也是存在了很長時間的產業痛點，ChatGPT 的發布讓我們看到了解決這個問題的希望。

透過自然語言處理技術，AI 能夠學習人類的語言，也就能掌握人類的大部分知識和邏輯能力。ChatGPT 和其後的 GPT-4 讓我們看到了強人工智慧的影子。要知道，人類的視覺系統進化了數億年，聽覺系統也進化了數十萬年，人類從誕生

到學會說話經過了 3,500 萬年，從學會說話到掌握語言經歷了 18 萬年，因此透過人工系統去類比它們的難度可想而知。

但是，如果真正發明了具有通識的基礎大模型，在此基礎上「微調」得到各種專業技能的模型並不會太困難，只需要我們深入了解產業並和產業結合，就可以為其賦能。

我和人工智慧最早的接觸源於閱讀關於神經網路的書籍，那個時代正值神經網路的低谷，但也是我建立對人工智慧認知和信念的起點。近些年的 Transformer、Diffusion、GPT 等神經網路架構均蘊含了對數據本質屬性的理解。雖然世界如此複雜，人類感官和語言的進化時間也非常長，但這些最新的神經網路竟能夠抽絲剝繭、化繁為簡，透過人類可及的運算，模擬我們在如此複雜的世界中形成的感官能力和語言能力，為我們創造更智慧的模型和系統提供了基本支持。

在人工智慧快速發展的當下，我希望本書能夠為想要了

解生成式 AI 的人們提供一些啟發。生成式 AI 將深入我們的生活，影響甚至改變我們的思維方式、創作過程、教育模式和工作流程等。

最後，我想要感謝我從事人工智慧工作以來，指導和幫助過我的師長、同事和合作夥伴，以及一同在這條路上探索的各位同好。在本書的寫作過程中，張亞光、張凱璇、高歡提供了大力協助，在此表示衷心的感謝。

對於人工智慧，無論你是持擁抱的態度還是抵觸的態度，都不可否認未來已來，人工智慧時代已經到來，日後和你隔著螢幕聊天、為你拍攝電影、與你一起工作的都有可能是人工智慧。和歷次工業革命一樣，在人工智慧的推動下，我們正在經歷新一輪的生產力提升，並將迎來新的文明階段。雖然前路漫漫，道阻且長，但願全力以赴，不負韶華。

歡迎交流討論，請聯繫：aigcbook@163.com。

參考資料

1. Introducing ChatGPT，https://openai.com/blog/chatgpt。

2. ChatGPT 只是開始：企業生成式 AI 的未來，https://www.gartner.com/cn/information-technology/articles/beyond-chatgpt-the-future-of-generative-ai-for-enterprises。

3. 紅杉資本，Generative AI: A Creative New World。

4. 國際數據公司，數據時代 2025。

5. 2022 人工智慧全景報告！AI 晶片火爆，元宇宙、生命科學深度融合，http://news.sohu.com/a/573380016_121299481。

6. 人工智慧專題報告：生成式 AI，人工智慧新范式，重新定義生產力，https://xueqiu.com/1185816882/241577758。

7. 新春伊始：從 CHAT-GPT 到生成式 AI，人工智慧新範式，https://www.sohu.com/a/636242397_121634652。

8. 被 ChatGPT 帶飛的 AIGC，能為垂直產業做些什麼？https://tech.ifeng.com/c/8NRxAaN46Eb。

9. 王霜奉，AIGC 帶來內容生產方式變革，上海信息化，2022 年 11 期。

10. 李強，AIGC 潮湧：喧囂過後前路何往，21 世紀經濟報導，2023-02-13。

11. 從內容到技術，AIGC 的昇華敲開五大新應用場景，細分賽道受益股一覽（名單），https://xueqiu.com/5822120884/241803015。

12. Alec Radford, Karthik Narasimhan, Tim Salimans,et al.Improving Language Understanding by Generative Pre-Training.2018.

13. Alec Radford, Jeffrey Wu, Rewon Child,et al.Language Models are Unsupervised Multitask Learners.2019.

14. Long Ouyang, Jeff Wu, Xu Jiang,et al.Training language models to follow instructions with human feedback.NeurIPS,2022.

15. Tom B. Brown, Benjamin Mann, Nick Ryder,et al.Language Models are Few-Shot Learners.NeurIPS,2020.

16. OpenAI.GPT-4 Technical Report.2023.

17. Sébastien Bubeck, Varun Chandrasekaran, Ronen Elda,et al. Sparks of Artificial General Intelligence: Early experiments with GPT-4. 2023.

18. 中文版 GPT- 3 來了：會算術、可續寫紅樓夢，用 64 張 V100 訓練了 3 週，https://www.thepaper.cn/newsDetail_forward_10039031.

19. Runway ！ AI 技術＋視頻製作的新一代視頻內容生成工具，https://www.uisdc.com/runway。

20. AI 繪畫捧紅多個獨角獸企業，公司估值飆升 10 倍達 76 億，https://new.qq.com/rain/a/20221026A06K7M00。

21. ChatGPT 背後的超神模型：GPT-1 到 GPT-3.5 是如何演化的？https://new.qq.com/rain/a/20221214A07LRG00。

22. 男主保羅死後，《玩命關頭 7》是怎樣拍完的？https://www.sohu.com/a/10774083_118844。

23. 從決策式 AI 到生成式 AI，人工智慧發展的技術路線是什麼？https://mp.weixin.qq.com/s/IDANbafgKuizNI7ihapBBQ。

24. 中國首部 AIGC 生成完整情節漫畫（插畫）問世元宇宙，https://news.sina.com.cn/sx/2023-02-23/detail-imyhryyx1788418.shtml。

25. 畫師地位不保？ AI 作畫掀起 AIGC 領域新浪潮！http://news.sohu.com/a/610160550_121473094。

26. 第　個虛擬偶像 AIGC 歌曲來了！文心大模型助力對話互動式搜索創新，https://view.inews.qq.com/a/20220615A09PBT00。

27. Netflix 首支 AIGC 動畫片開播，小冰做的，https://new.qq.com/rain/a/20230201A03K6R00。

28. 輝達推出 3D 模型智慧生成應用 Magic3D，數位化建模邁入 AI 時代，https://new.qq.com/rain/a/20230204A00V2E00。

29. CES 使用生成式 AI 快速生成虛擬世界的 3D 資產，https://www.163.com/dy/article/HQB7AM9Q0552BFKV.html。

30. AI 遇到時尚 時裝有了新表情，https://m.gmw.cn/baijia/2023-02-20/36378906.html。

31. 「群核科技（酷家樂）」宣布成立 AIGC 實驗室，側重 3D 場景，https://36kr.com/p/2143079551289861。

32. AIGC 應用持續升溫！ aiXcoder 代碼生成大模型正式開放 API 介面，開發者可共建智慧程式設計工具，https://www.sohu.com/a/645504858_104421。

33. 「怪胎」ChatGPT 的前世今生，以及未來，https://www.sohu.com/a/615907251_121124372。

34. 「中國版」ChatGPT 能幹啥？百度、阿里都來了，應用方向各顯神通，http://news.hexun.com/2023-02-09/207767700.html。

35. 中美「狂飆」ChatGPT，一文讀懂超 20 家科技巨頭最新布局，http://finance.jrj.com.cn/tech/2023/02/09121237325932.shtml。

36. Ian Goodfellow,Yoshua Bengio, Aaron Courville，深度學習，北京：人民郵電出版社， 2017。

37. 周志華，機器學習，北京：清華大學出版社，2016。

38. Michael Nielsen，深入淺出神經網路與深度學習，北京：人民郵電出版社，2020。

39. 姚期智，人工智慧，北京：清華大學出版社，2022。

40. David Foster，生成式深度學習，北京：中國電力出版社，2021。

41. Wenju Xu, Chengjiang Long, Ruisheng Wang,et al.DRB-GAN: A Dynamic ResBlock Generative Adversarial Network for Artistic Style Transfer. ICCV2021.

42. Noelia Ferruz,Steffen Schmidt,Birte Hker.A Deep Unsupervised Language Model for Protein Design.Nature Communications, 2022.

43. ChatGPT「石破天驚」，下一個 AI 殺手級應用在哪？https://www.163.com/dy/article/HULKFF1R0539JGBD.html。

44. Beautifully Illustrated: NLP Models from RNN to Transformer，https://towardsdatascience.com/beautifully-illustrated-nlp-models-from-rnn-to-transformer-80d69faf2109。

45. 丁磊，AI 思維：從數據中創造價值的煉金術，北京：中信出版社，2020。

46. David E. Rumelhart, James L. McClelland. Learning Internal Representations by Error Propagation.MIT Press, 1987.

47. Sepp Hochreiter, Jgen Schmidhuber.Long Short-Term Memory.Neural Computation,1997.

48. Yann LeCun, Lon Bottou, Yoshua Bengic,et al.Gradient-Based Learning Applied to Document Recognition.Proceedings of the IEEE,1998.

49. Ian Goodfellow, Jean Pouget-Abadie, Mehdi Mirza,et al.Generative Adversarial Nets.NIPS,2014.

50. Kuntal Ganguly，GAN：實戰生成對抗網路，北京：電子工業出版社，2018。

51. Ashish Vaswani, Noam Shazeer, Niki Parmar,et al.Attention Is All You Need. NIPS,2017.

52. Jascha Sohl-Dickstein, Eric A. Weiss,Niru Maheswaranathan, et al.Deep Unsupervised Learning using Nonequilibrium Thermodynamics.ICML,2015.

53. Alexey Dosovitskiy, Lucas Beyer, Alexander Kolesnikov,et al.An Image is Worth 16x16 Words: Transformers for Image Recognition at Scale.ICLR,2020.

54. AI 生成藝術的底層原理：非平衡物理的擴散模型，https://swarma. org/?p=39798。

55. The recent rise of diffusion-based models，https://deepsense.ai/the-recent-rise-of-diffusion-based-models/。

56. DALL·E: Creating images from text，https://openai.com/research/dall-e。

57. Aditya Ramesh, Mikhail Pavlov, Gabriel Goh,et al. Zero-Shot Text-to-Image Generation. ICML,2021.

58. What are Diffusion Models，https://lilianweng.github.io/posts/2021-07-11-diffusion-models/。

59. Robin Rombach,Andreas Blattmann,Dominik Lorenz,et al.High-Resolution Image Synthesis with Latent Diffusion Models.CVPR, 2022.

60. 生成式 AI，那些獲得客戶和投資人認可的產品是什麼樣的？https://www. sohu.com/a/612764631_621617。

61. 國內首個 AI 生成內容檢測工具路 —— AIGC-X 正式開始公測，https://finance. sina.com.cn/jjxw/2023-03-03/doc-imyipzuv7736991.shtml。

62. 金融科技趨向智慧化，智搜寫作機器人落地研報自動化寫作，https://qiye. chinadaily.com.cn/a/202103/18/WS60532701a3101e7ce9744a74.html。

63. GitHub Copilot 全新升級，工作效率提升 55%，https://www.sohu.com/ a/643231452_453160。

64. AIGC 應用持續升溫！aiXcoder 代碼生成大模型正式開放 API 介面，開發者可共建智慧程式設計工具，https://www.infoq.cn/article/ KJwyZy7rFdZwbumRMHty。

65. 科幻文學 —— 元宇宙原力引擎重裝上陣，https://www.yuanyuzhoujie. com/2022/0919/11359.shtml。

66. AIGC：人工智慧下一個風口？，https://www.sohu.com/ a/619058617_120809910。

67. 錄一段人聲即可生成 AI 歌手讓你輕鬆飆高音，https://finance.sina.com.cn/ tech/2022-05-28/doc-imizirau5193054.shtml.

68. 讓米粉為之瘋狂的聲音複製技術：深聲科技如何用 90 秒錄音複製出你的聲音？ https://www.leiphone.com/category/industrynews/UlCc7Mx2jTPLmgB3. html.

69. 這個網站只要錄音 1 分鐘，就能複製出你的聲音，https://www.geekpark.net/ news/231092。

70. MuseNet 官網，https://openai.com/research/musenet。

71. AIGC 的應用之影視，拓展空間，提升品質，https://new.qq.com/rain/ a/20221214A005JF00。

72. 人工智慧為電影注入豐富可能，http://scitech.people.com.cn/n1/2020/1019/ c1007-31896888.html。

73. 馬斯克點贊！ DeepMind 神 AI 編劇，一句話生成幾萬字劇本，https://new. qq.com/rain/a/20221211A02WQ200。

74. 海馬輕帆官網，https://www.haimaqingfan.com。

75. 可能是國內第一部 AI 換臉電視劇，這效果我驚呆了，https://www.thepaper. cn/newsDetail_forward_6653457.

76. AI 修復老片又快又好，但還取代不了專業修復師，https://www.thepaper.cn/ newsDetail_forward_7392892。

77. AI 剪輯大閱兵，http://www.zgjx.cn/2020-10/21/c_139454087.htm。

78. 自然語言對話未來發展｜數據堂，https://www.163.com/dy/article/HHQBJBP 30518B55B.html。

79. Charisma 官網，https://charisma.ai/about。

80. Arrowmancer 官網，https://www.arrowmancer.com。

81. Hidden Door 官網，https://www.hiddendoor.co。

82. 遊戲中的生成式 AI 革命，https://new.qq.com/rain/a/20230222A02JH900。

83. 7 年資深遊戲美術設計師：AI 真好用，幸好還不夠好用，https://new.qq.com/ rain/a/20230225A005PM00。

84. 遊戲公司精確測算：在真實項目中採用 AI 畫圖節省了 80% 美術成本！ http:// www.gamelook.com.cn/2023/03/511309。

85. 10 個經典遊戲創意：以前的 NPC 居然這麼蠢萌！ https://www.sohu.com/ a/128291064_501093。

86. Demo 演示「遊戲智慧 NPC」，AI 已經能嘲諷人類了？ http://www.gamelook. com.cn/2021/03/434604。

87. Hidden Door Launches AI Game Platform to Build the Narrative Multiverse. https://www.businesswire.com/news/home/20220316005334/en/Hidden-Door-Launches-AI-Game-Platform-to-Build-the-Narrative-Multiverse。

88. 遊戲研發用 AI 能降多少美術成本？大廠紛紛入局 AI 團隊搭建，網易推出國內首個遊戲版 ChatGPT，https://www.sohu.com/a/648383533_121119410。

89. 朝夕光年無雙工作室的遊戲 AI 探索之路，https://games.sina.com.cn/ 2022-01-07/detail-i-ikyakumx8890557.shtml。

90. AI 專題報告之二：AIGC 將開啟新一輪遊戲產業變革：從「上網」到「上算」，由「網路世界」至「虛擬實境」，http://stock..nance.sina.com.cn/stock/go.php/vReport_Show/kind/lastest/rptid/729869030844/index.phtml。

91. AI USE CASE: How a mobile game development studio saved $70K in expenses. https://gameworldobserver.com/2023/01/27/ai-use-case-how-a-mobile-game-development-studio-saved-70k-in-expenses。

92. AI CASES 官 網，https://ai-cases.com/ai-for-manufacturing/generative-design。

93. CALA 官網，https://ca.la/。

94. GENERAL MOTORS:Driving a lighter, more efficient future of automotive part design，https://www.autodesk.com/customer-stories/general-motors-generative-design。

95. Generative Design: Using Artificial Intelligence to Design Lightweight Structures. https://scanalyst.fourmilab.ch/t/generative-design-using-arti.cial-intelligence-to-design-lightweight-structures/2993/1。

96. 設計師用 AI 生成建築，甲方看完不淡定了！｜兩片街方案生成實踐，https://www.sohu.com/a/607863678_121124407。

97. 製藥界的「ChatGPT」，首個由生成式人工智慧設計的新冠口服藥獲批進入臨床，https://www.163.com/dy/article/HUES6PGF05318Y5M.html。

98. 生物界的 ChatGPT：ProGen ——開啟人工智慧設計蛋白質的新時代，https://www.yeasen.com/news/detail/1242。

99. 加速藥物研發流程！英偉達推出生成式 AI 服務，新增 6 個開源模型，https://tech.ifeng.com/c/8ON2ESuEPU6。

100. Yan A. Ivanenkov, Alex Zhebrak, Dmitry Bezrukov et al.Chemistry42: An AI-based Platform for de novo Molecular Design. 2021.

101. 探秘上汽大眾新能源汽車工廠「工業 4.0」智慧製造原來是這麼一回事，https://www.eet-china.com/mp/a36550.html。

102. 工業 4.0 產業現狀典型案例研究（一）——縱向集成，https://www.sohu.com/a/282589652_686936。

103. 高精度高負載，ABB 推出其最小工業機器人，https://new.abb.com/news/zh-CHS/detail/96351/abb-irb1010-small-robot。

104. Anthony Brohan, Noah Brown, Justice Carbajal, et al.RT-1: Robotics Transformer for Real-World Control at Scale. 2022.

105. Xingyu Liu, Kris M. Kitani.V-MAO: Generative Modeling for Multi-Arm Manipulation of Articulated Objects. CoRL, 2021.

106. Shuanlong Niu,Bin Li,Xinggang Wang et al.Regionand Strength-Controllable GAN for Defect Generation and Segmentation in Industrial Images.IEEE Transactions on Industrial Informatics, 2022.

107. Ghan Yildirim, Nikolay Jetchev, Roland Vollgraf et al.Generating High-Resolution Fashion Model Images Wearing Custom Out.ts.ICCV 2019.

108. 藍色游標銷博特發布 2022 年「元」創版，行銷策劃協作創新，https://finance.sina.cn/2022-01-24/detail-ikyamrmz7182101.d.html。

109. AI 預算規劃和評估：丟掉水晶球，透過高級 AI 獲得清晰的行銷預算，https://business.adobe.com/cn/products/experience-platform/planning-and-measurement.html。

110. Adobe 加入 AIGC 戰局：推出圖片生成 AI 版權優勢成為大殺器，https://finance.sina.com.cn/jjxw/2023-03-21/doc-imymscsn3070667.shtml。

111. 騰訊混元 AI 大模型落地廣告投放，顯著降本增效背後，三大技術引擎揭秘，https://new.qq.com/rain/a/20220621A04XJ000。

112. 百應科技 AI 結合 ChatGPT，打造極致的智慧對話體驗，https://news.iresearch.cn/yx/2023/02/461164.shtml。

113. 出道即成現象級虛擬主播，令顏歡做對了什麼？https://m.36kr.com/p/2145874334533896。

114. 雙十一虛擬人帶貨，你會「剁手」嗎？https://www.thepaper.cn/newsDetail_forward_20660222。

115. Iván Vallés-Pérez, Emilio Soria-Olivas, Marcelino Martínez-Sober et al.Approaching Sales Forecasting Using Recurrent Neural Networks and Transformers. Expert Systems with Applications, 2022.

116. Tan Wan, L. Jeff Hong.Large-Scale Inventory Optimization: A Recurrent-Neural-Networks-Inspired Simulation Approach.INFORMS Journal on Computing, 2022.

117. 劉寶紅、趙玲，供應鏈的三道防線：需求預測、庫存計畫、供應鏈執行，北京：機械工業出版社，2018。

118. 2023 年從 ChatGPT 等生成式 AI 的算力開銷及商業化潛力，看微軟和谷歌面臨的挑戰 ChatGPT 的基本概念及原理，https://xueqiu.com/6351082895/243814164。

119. 傳統客服壓力山大，如何應用智慧客服打造直擊痛點的解決方案，https://www.163.com/dy/article/H9DPFE990511805E.html。

120. 3 Ways Generative AI Will Reshape Customer Service，https://www.salesforce. com/blog/three-ways-service-impact-generative-ai。

121. Salesforce Announces Einstein GPT, the World's First Generative AI for CRM，https://www.salesforce.com/news/press-releases/2023/03/07/einstein-generative-ai。

122. Introducing Fin: Intercom's breakthrough AI chatbot, built on GPT-4，https://www.intercom.com/blog/announcing-intercoms-new-ai-chatbot。

123. Why Einstein GPT Marks the Next Big Milestone in Salesforce's AI Journey，https://www.salesforce.com/news/stories/salesforce-ai-evolution。

124. 百度 AI 開放平台，https://ai.baidu.com/solution/cskb。

125. Sonya Huang, Pat Grady, GPT-3. Generative AI: A Creative New World，https://www.sequoiacap.com/article/generative-ai-a-creative-new-world。

126. 先用 ChatGPT 革自己的命，然後幹翻所有人，https://www.thepaper.cn/newsDetail_forward_22177677。

127. 國海證券：AIGC 將開啟新的內容生產力革命為傳媒行業發展提供新動力，http://stock.10jqka.com.cn/20230303/c645264139.shtml。

128. 6pen，中國 AI 繪畫行業調查報告──技術，用戶，爭議與未來，2022。

129. 杜雨、張孜銘，AIGC：智能創作時代，北京：中譯出版社，2023。

130. 王培、劉凱，通用人工智慧導航：AGI 的歷史與現狀，https://www.jiqizhixin.

com/articles/ 2018-11-15-6。

131. 從 ChatGPT 看 AIGC 的法律風險及合規應對，https://www.zhonglun.com/Content/2023/03-03/1155067160.html。

132. 業務流程將因生成式 AI 變革，ChatGPT 引領的 AIGC 正在改變組織運營，https://www.tmtpost.com/6409269.html。

133. 對話式 AI 裡的人機協作與決策智慧，https://www.163.com/dy/article/HP4B4P1J055612B3.html。

134. 陳永偉，超越 ChatGPT：生成式 AI 的機遇、風險與挑戰，山東大學學報（哲學社會科學版），2023 年 3 月。

135. 孫偉平，人機之間的工作競爭：挑戰與出路──從風靡全球的 ChatGPT 談起，思想理論教育，2023 年 3 月。

136. 鄭世林、姚守宇、王春峰，ChatGPT 新一代人工智慧技術發展的經濟和社會影響，產業經濟評論，2023 年 3 月。

生成式人工智慧：AIGC 的邏輯與應用

作者：丁磊

總編輯：張國蓮
副總編輯：李文瑜、周大為
美術設計：楊雅竹

董事長：李岳能
發行：金尉股份有限公司
地址：新北市板橋區文化路一段 268 號 20 樓之 2
傳真：02-2258-5366
讀者信箱：moneyservice@cmoney.com.tw
網址：money.cmoney.tw
客服 Line@：@m22585366

製版印刷：緯峰印刷股份有限公司
總經銷：聯合發行股份有限公司

初版 1 刷：2023 年 10 月

定價：520 元
Printed in Taiwan

國家圖書館出版品預行編目（CIP）資料

生成式人工智慧：AIGC 的邏輯與應用 / 丁磊著 . --
初版 . -- 新北市：金尉股份有限公司, 2023.10
　面；　公分 . -- (創富 ; 56)
ISBN 978-626-97440-7-7（平裝）

1.CST: 人工智慧
312.83　　　　　　　　　　　112013933

Money錢

Money錢

Money錢

Money錢